大 小 建 筑　十 年 纪 录

———————————————

大 至 精 彩　小 而 精 致

上海大小建筑设计事务所成立于 2011 年 5 月，

在 10 年的创作过程中，

设计团队针对不同区域、不同类型的项目以城市更新的设计视点，

努力建立设计和城市的良好对话关系，

贯彻"大至精彩，小而精致"的原创设计精神。

作为中国建筑设计的民营设计力量，

大小建筑 10 年的成长历程也体现了中国建筑设计市场的多元化进程。

作为大小建筑第一阶段的小结，

本书将以 10 个角度去展示大小的成长过程。

大小建筑
SLASTUDIO

大小建筑
SLASTUDIO

1010
SLASTUDIO

CONTENTS

目录

中国工程院院士 / 华建集团资深总建筑师

教授级高级建筑师 / 魏敦山建筑创作研究主任

魏敦山

建筑设计是一项和城市对话的职业，是以专业建筑技术和美学为支撑，赋予项目不同的功能属性和创意视角，并通过技术控制手段加以完整呈现的实施过程；建筑设计也是一项专业技术的综合表达；建筑设计更是一项建筑技术和设计情怀的交融体现。

上海大小建筑设计事务所正是这样一家追求项目功能和情怀的设计公司。在事务所十年的成长过程中，李瑶和他的团队做了一次职业转身，成为一支技术、服务和创意并存的设计团队。

在这十年的坚持中，他们提交了类型丰富的项目答卷。不再一味追求建筑物的项目体量，更多地希望传递出建筑、城市和使用者的对话关系。有基于城市设计，通过项目来协调核心区周边建筑关系的标志性建筑南通能达商务区"智慧之眼"项目；从对应崇明独有的自然风貌角度出发，产生了一个尺度舒缓、屋檐连绵的新商业业态项目"富盛广场"；也有以致敬藏族医药文化宝库的角度，将传统藏族元素和简约干练的现代建筑语言相结合，刻画出具有民族文化意味的"青海藏文化博物院"；对于张江的科研总部园区，他们通过建筑群体的组合方式，创造出更具景观性和人性化的创新园区"张江高端医疗器械产业园"；他们的设计更延伸到城市公共空间的表达，在南通能达开发区核心公园中创作了一个具有童趣的公共活力空间"能达云·月"等。他们以不同的角度演绎出建筑在城市中的独特性。

希望上海大小建筑设计事务所今后继续保持对建筑设计的专注和情怀，创作更有生命力的作品。在赋予每一个建筑独有性格的同时，赋予城市更多的美好。

2021.4.15.

00
PREFACE

卷首语

主持建筑师

李瑶

回看我专业成长的过程，似乎每十年都有着一次调整和跨域。1991 年毕业加入华东建筑设计院开始了大院二十年的历程；2000—2001 两年间作为交流建筑师去了日本东京的三菱地所设计开展了一段设计经历；2011 年开始大小建筑的征程，十年一瞬间；2021 年开始的新十年，期盼大小踏向更好的进程。

出发的地点

2011 年，是我大学毕业后加入设计行当从业 20 年的起点。在这 20 年中受益于改革开放城市化发展的设计机遇，参加了央视新台址工程新楼、衡山路十二号豪华精选酒店等重大项目的设计实践。轮轴服务于大型项目合作设计的状况下，在忙碌的同时也重新思考自己的设计定位，希望找到一个相对自由的原创设计道路。2011 年 5 月和搭档吴正一同创建了上海大小建筑设计事务所有限公司，试图回到设计的原点。起初对于事务所的发展愿景还比较懵懂，不想时光荏苒，伴随着一个个设计项目从设计到落地的过程，一晃已有十年。

过程和方向

从开创时 3 位同事到目前的 26 位同事，事务所努力以项目建筑师的整体理念加以创意和塑造，从建筑整体的空间和环境塑造，到室内精细的布局和体验；从方案的构思创作，到施工图的节点细部。注重将客户愿景和项目的社会意义、环境等因素相结合，实现功能、环境及创意与技术的融合，并努力传达建筑的美学和社会价值。大小的设计项目从前期概念设计到具体实施项目，每年不下二三十项，十年的积累多达二三百项，涵盖办公、商业、酒店以及文化等多元的建筑类型。从巨型体量的星湖城市广场到謇公湖农产品中心等公建单体，从财智中心的室内到 FACECLIP 回形眼镜店微型空间的跨度。随着时代特征和消费思维的巨变，大小也在追求自身的发展定位，立足于项目建筑师负责制框架下的整体设计输出，强化设计创意和数字化表现；设计视角同时关注到城市更新中，试图让原有的物理空间焕发出全新的魅力；在产业方面也在调校角度，侧重特色小镇、产业园区等方向，希望创作出区域产业的新动力。

初创项目

作为一家初创的建筑师事务所，我们选择的整体设计控制是对于项目最全面但执行最辛苦的方向。初创项目是北京银河财智中心，经过多轮持续的项目比选，有幸以项目建筑师负责的角度获得了项目设计权，也为大小建筑的技术路线确定了基调。设计延续了京派建筑的方正格局，南北双塔保证了两大核心使用单位的独立性和交互性，并导入了城市的环境分析手段，以架空的中部广场打破了相互封闭的城市环境。立面以石材和玻璃幕墙相互组合，长安街侧挺拔坚实，南向玻璃幕墙通透轻盈。南方细腻的立面表达手法得以和挺拔的京派建筑相融合。

南通进行时

从上海出发，带着大型工程实践中所积累的项目经验以及全专业的合作团队架构开始了我们的征程。为满足不同开发项目不同的阶段要求，在项目前期策划定位、产业规划以及酒店管理等领域都进行了积极的对应，与专业顾问形成联合提供全过程的项目咨询及设计服务；以客户需求为驱动力，不断增强综合解决能力，因地制宜地为不同城市建设项目提供具有创新性和经济性的解决方案。智慧之眼是基于局部区域规划调整的建筑答卷，对于一个方正体量所围合的开发区核心区，采用了一个圆弧建筑体量来疏解方正格局的压力；通州富都国际酒店项目，将分散的酒店、公寓和商业功能以弧形主题加以贯穿，形成了一个开放的城市空间；謇公湖农展中心是对江海文化的致敬，5000 平方米的专业展示空间用三组连绵的竹钢屋面对应江南黛瓦；星湖城市广场项目，首先对于巨大体量的商业中心采用了解构式的体量处理方式，打破了商业管理方对于立面的菜单式表达，而后延展开的城市广场、商务酒店和品质住宅形成了这一商业综合体的有机扩展；近期落成的謇公湖科创中心则是以由风而生的总体布局方式，通过风环境分析，科学地规划了产业园区的架构。结合地域性的特征，形成各不相同的建筑表达。

城市更新

近年来，城市更新风潮慢慢辐射到中国，对于原有建筑空间重新加以定义和运用。弘奥信息总部项目，原来的厂部建筑风貌以 20 世纪 80 年代的顽固立面为主，在深入现场实测后，我们首先打破了结构的束缚，释放出框架结构的流动空间。在立面处理上采用了低调和活跃的内外双重特性，外部和周边维持着协调的品质提升，内侧则呈现出互联网企业的全新面貌；安吉两山创客小镇是基于区域的产业调整和升级，梳理了原有职业技术学院的园区脉络，拆除了危旧房屋，改建了教学楼平面布局以满足互联网产业的需求，并通过加建节点建筑，形成了小镇全新的格局；在张江 E-PARK 项目的方案中，利用原有建筑的巨大结构框架，将封闭无光的封闭空间，导入了阳光和运动的空间活力，形成一个极具魅力的创业中心，可惜项目没有得到实施，也是在城市更新实践过程中的一次遗憾。在实践过程中，我们深深感受到城市更新是城市焕发活力的关键。通过局部的调整和补充优化了总体关系和功能，城市的肌理得以保留；以尊重和赋能的思维，城市在原有的格局中进行着有机进化。

文化的切入

建筑担负着城市的空间传达和美学传递作用。青海藏文化博物院是事务所起始阶段的项目之一。为博物院所收藏的长达 618 米、面积达 1500 平方米的唐卡巨作——《中国藏族文化艺术彩绘大观》，创造出连续无间隔的展示空间。在和一期现有展厅南北相应的总体布局上，采用圆形中庭塑造了一个空间上的坛城。在形体和立面表达上采用了最具民族特色的文化符号，使空间和文化形成了良好的对话，以此塑造了世界上规模最大、文化品位最高的藏文化主题博物馆。江苏南通能达云·月，以超薄钢片搭建一个多跨连续的钢架结构，通过片状化的单元，构筑成一个流畅的建筑空间，表达了对城市、区域和使用者的思考，以具有想象力的建筑激活片区的空间活力。

室内的扩展

从项目的全过程设计把控角度，室内更直接影响到使用者的体验。从央视新台址工程新楼和衡山路十二号项目的设计实践中，室内已经和建筑形成一体化的表达。MAKAN 迪拜融合餐厅是一个由小见大的案例，表达了浓郁的阿拉伯风情，八芒星作为基础元素与不同的材质和色调相呼应；上海熠馨音乐艺术中心，采用简单的白、红和黑，倡导七彩以外的儿童视觉体验；FACECLIP 回形眼镜店通过一个 40 平方米的狭小空间创造丰富的空间体验；在东方卫视《美好生活家》栏目的改造设计中，为双胞胎盲童家庭带来一次提升生活品质的改造，体现出小小空间的设计所产生的力量和温度；在建筑一体化项目中，无锡运河湾·现代产业发展中心的入口大堂设计如同建筑外观所呈现的干练块面和线条感，灰白色石材作为主基调墙面，和具有导向性的发光吊顶加以呼应，让建筑在室内空间的表达上更加融合。

在十年的成长过程中，体会和觉悟以外更是形成了一种设计态度。

感悟 01 设计的态度：坚持

从市场的开发主体角度，大型房地产企业以标准化的模块加剧了产品的标准输出，但市场同时存在着包括政府投资、产业背景等的项目开发，他们是从区域需求和产业导向角度来完善城市化的脚步。大小建筑的服务更多是围绕这类业主展开，以区域需求和品质的角度去推进项目的定位落实。对于这样的非标准开发，设计团队在自身项目的经验基础上，和业主共同策划和研究项目的方向，量身订制相应的开发要求和标准。设计周期无疑变得漫长，研究的频率也无限提高，虽然过程曲折但最终的研究成果往往能带来独特性的呈现，坚持也正是伴随这个过程的设计方式。

感悟 02 建筑师的社会责任

面对十年如一的设计费用，建筑师职业的荣誉感和社会责任感是行业支撑的两大支柱。伴随着每个工程的思考、创作和落地的过程，我们用作品展现了建筑和城市的对话方式，也焕发出建筑的巨大社会能量。安吉职业学校旧址的互联网转身，形成全新的两山小镇代表；运河湾·现代产业发展中心在城市核心区以不一样高度呈现，从向上的高度演化成水平流淌的城市空间；智慧之眼所带来的城市规划的区域优化，展现出方正之外的空间活力。设计除了开发功能和建筑美学相互融合的建筑视角外，也会产生基于社会关怀的视角。在江苏南通能达开发区核心绿地公园导入创新的非建筑表达，云承载了跨越年月的童年梦想，月表达了公共空间的民众参与；在一个小小的居室中，通过空间的腾挪重置，给双胞胎盲童家庭带来生活的改变。这些视角引导着我们的职业使命和社会责任。

感悟 03 创新理念和数字化未来

面对市场多元化和技术的巨大改变，除了立足平台自身的修炼和实践外，未来大小建筑还将更多聚焦创新和数字技术。除了以现代建筑理论为主线的设计实践，也将尝试以市场为导向的多元发展方向，包括商业化、数字化等。大小将沿着十年修炼积累的设计方向，以功能和建筑技术为基础，继续创新性的多元思维理念，以传递社会美学为责任。

在大小建筑即将跨入十周年的时候，我们希望继续保持对建筑设计的深厚情感，实践功能、空间和创意的融合，继续保持和城市的对话，设计有温度的建筑。在此感恩一路走来的过程中各位师长、领导和业主的关爱，也感谢大小的伙伴、合作者的支持，同时感谢大小同仁和家属们的理解和体谅。

国际建筑设计大师

马里奥·博塔

Un riconoscimento al sapere tecnico-costruttivo dell' architetto Li Yao

Ho avuto l' onore di conoscere l' architetto Li Yao in occasione del progetto per l' Hotel Twelve (2006-2012) a Shanghai. Al tempo lavorava per lo studio ECADI. Ricordo ancora quella collaborazione per il suo sapere professionale e la capacità di declinarlo, ogni volta in maniera appropriata, alle diverse fasi del cantiere. È stato davvero un grande aiuto!

La volontà di creare in maniera autonoma lo ha poi portato a fondare un proprio studio e a costruire moltissimo, come d' altronde ben documentato dal presente libro. Sfogliandolo sono rimasto impressionato dalla dimensione, dalla quantità e dalla qualità delle realizzazioni, che solo un Paese come la Cina può vantare.

Non sono un critico e non avendo avuto la possibilità di visitare le opere di Li Yao, non posso esprimere giudizi solo attraverso immagini stampate, sebbene da esse traspaia grande abilità tecnica e sapienza costruttiva.

Quello che però posso – e voglio – esprimere è il grande apprezzamento per Li Yao come persona e come architetto; per la sua capacità di interpretare la cultura architettonica di questo tempo storico, con un' attenzione ai dettagli costruttivi che onora il nostro mestiere.

In questo senso posso dire che è uno dei collaboratori più competenti che io abbia mai incontrato e che ha portato la tecnica architettonica della Cina a grandi risultati e a grandi conquiste.

Per terminare non mi resta che ringraziarlo per il suo impegno e la sua dedizione a questo nostro affascinante mestiere.

Mario Botta

对李瑶新作品集出版的寄语

在上海衡山路十二号豪华精选酒店 (2006—2012) 的项目中，我和李瑶有过愉快的合作。当时他还在华东建筑设计院工作，我对他的专业能力和适应协调能力仍然记忆犹新。他每次都能以最合理的方式，来适应设计及项目现场的不同阶段。他在这个项目上给予了极大的支持！

对独立事业的渴望促使他创建了自己的工作室，在十年的时间里设计了很多项目，并收纳在这本作品集中。我被这些作品的规模、数量，尤其是质量所震撼，这是只有中国这样的国家才能拥有的！

因为我还没有机会实地参观这些建筑，我不能对李瑶的作品做完整的技术评论，但仅仅通过这本作品集所承载的图像内容，已经传达出事务所所展现的技术能力和专业性。

我所能（也希望）表达的是我对李瑶作为个人和一名建筑师的真诚认可。他对这个特殊时代建筑文化的诠释能力，以及对建筑细节的关注，充分体现了对建筑师这个职业的尊重。

在这个意义上，我可以说他是我所共事的最合格的合作者之一，他为中国建筑做出了自己的贡献和成就。

最后，对他对建筑设计这一令人着迷的职业的贡献表示感谢。

大事记

2011 5 月 / 上海大小建筑设计事务所有限公司成立

2012 12 月 12 日 / 上海衡山路十二号豪华精选酒店开幕仪式

2013 2 月 28 日 / 大小建筑联盟论坛启动
8 月 / "上海衡山路十二号豪华精选酒店"荣获上海市优秀工程设计一等奖
9 月 / 《大小建筑系列·第 1 辑》由同济大学出版社出版
10 月 11 日 / 大小建筑联盟秋季论坛在上海衡山路十二号豪华精选酒店顺利举办
11 月 7 日 / "中央电视台新台址"项目获全球最佳高层建筑,李瑶作为团队成员赴美国芝加哥参加颁奖仪式

2014 1 月 20 日 / 上海大小建筑设计事务所获得建筑设计事务所甲级资质
11 月 / 《大小建筑系列·第 2 辑》由同济大学出版社出版

2015 1 月 / "张江国际创新中心"方案荣获国际设计竞赛第一名
3 月 / "上海衡山路十二号豪华精品酒店""中央电视台新台址建设工程 CCTV 主楼"荣获中国建筑学会建筑创作奖金奖(公共建筑类)
"南通智慧之眼"荣获上海市建筑学会第六届建筑创作奖佳作奖
11 月 / "上海衡山路十二号豪华精选酒店"在全国优秀工程勘察设计行业奖评选中荣获建筑工程一等奖

2016 11 月 / "上海弘奥投资总部"荣获艾特奖最佳办公空间设计入围奖
"安吉两山创客小镇" 荣获艾特奖最佳公共建筑设计入围奖
"北京石景山银河财智中心"荣获艾特奖最佳公共建筑设计入围奖
12 月 / "北京石景山银河财智中心"荣获首届全国建筑玻璃艺术设计大赛建筑艺术类铜奖

2017 9 月 / "北京石景山银河财智中心""上海万达信息云数据中心"荣获上海市建筑学会第七届建筑创作提名奖
11 月 / "南通智慧之眼"荣获艾特奖最佳公共建筑设计入围奖
12 月 / "海门睿公湖农产品展销中心"荣获艾特奖最佳公共建筑设计铜奖
12 月 1 日 / 南通星湖永旺梦乐城开业

2018 1 月 18 日 / 主持建筑师李瑶荣获第七届 BEST100 中国最佳 100 强
6 月 / 主持建筑师李瑶参加东方卫视《美好生活家》栏目为盲童双胞胎家庭进行室内改造
11 月 16 日 / 主持建筑师李瑶获得上海市建筑学会颁发的"上海市杰出中青年建筑师"称号
12 月底 / 青海藏文化博物院二期竣工

2019 3 月 / "阿联酋三叶大厦"荣获艾特奖最佳公共建筑设计优秀奖
"盲童之家""保利时光里眼镜店""上海熠馨音乐艺术中心"荣获艾特奖最佳公寓设计入围奖
3 月 23 日 / 主持建筑师李瑶荣获首届新设榜·创新设计年度榜单"创新设计上榜杰出人物"
12 月 19 日 / 主持建筑师李瑶荣获第八届 Best100 中国最佳 100 强、Best100 最佳文创改造设计大奖

2020 3 月 / "回"荣获锦江全球创新中心新旅宿空间设计大赛一等奖
8 月 18 日 / 张江高端医疗器械产业园工程开工
10 月 / 联谊大厦 27-28 层装饰改造项目竣工、运河湾现代产业发展中心竣工
11 月 15 日 / "南通能达云·月"竣工,11 月 22 日举行启用仪式
12 月底 / 安吉凤凰中心广场竣工

2021 3 月 / 主持建筑师李瑶获 2019—2020 年度上海市民营勘察设计工匠 20 杰,"南通智慧之眼"获 2019—2020 年度上海市民营勘察设计优秀设计项目 20 佳
3 月底 / 西岸众腾大厦竣工
9 月 / "南通能达云·月"荣获第七届 CREDAWARD 地产设计大奖公建项目优秀奖
9 月 / 南通阳光悦城完成方案设计,标志着南通的城市更新开启新节奏
9 月 / 中创区全民健身中心整体竣工
12 月 / 南通星湖城市广场二期预计竣工

02

项目版图

中国·上海
SHANGHAI, CHINA

中国·江苏南通
NANTONG, JIANGSU, CHINA

中国·江苏太仓
TAICANG, JIANGSU, CHINA

中国·江苏无锡
WUXI, JIANGSU, CHINA

中国·浙江安吉
ANJI, ZHEJIANG, CHINA

中国·浙江萧山
XIAOSHAN, ZHEJIANG, CHINA

中国·北京
BEIJING, CHINA

中国·重庆
CHONGQING, CHINA

中国·福建福安
FUAN, FUJIAN, CHINA

中国·云南景洪
JINGHONG, YUNNAN, CHINA

中国·新疆乌鲁木齐
URUMQI, XINJIANG, CHINA

中国·青海西宁
XINING, QINGHAI, CHINA

柬埔寨·金边
PHNOM PENH, CAMBODIA

阿联酋·阿布扎比
ABU DHABI, UAE

塞拉利昂·弗里敦
FREETOWN, SIERRA LEONE

纳米比亚·温得和克
WINDHOEK, NAMIBIA

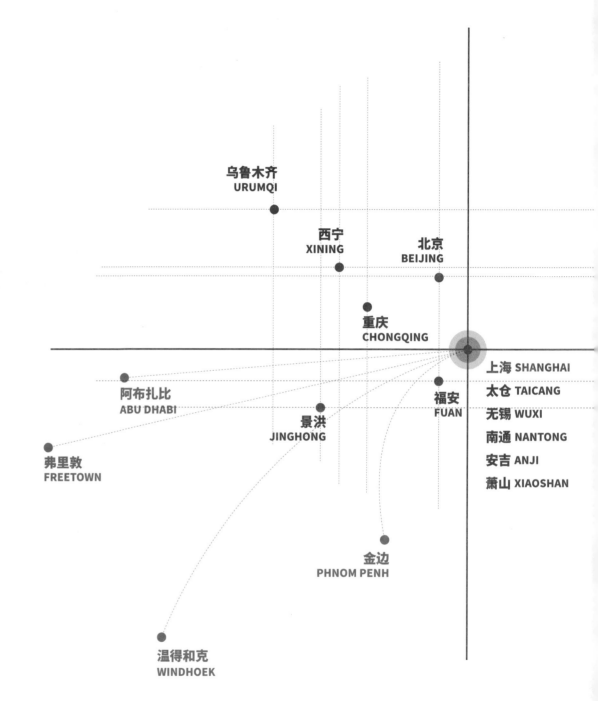

03

COMPLETED
PROJECTS

已建成

智慧之眼
EYE OF WISDOM

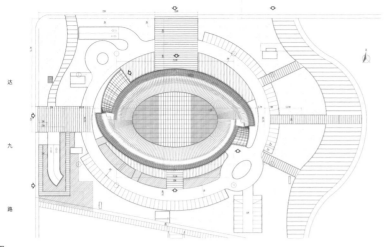

总平面图

项目地点： 江苏南通
项目类型： 办公
建筑面积： 69 427 m²
建筑高度： 78.8 m
建筑层数： 地上 16 层、地下 1 层
团队成员： 李瑶、吴正、孙涛、项辰、高海瑾，等
合作单位： 上海中建建筑设计院有限公司（施工图设计）
设计时间： 2012—2013 年
建成时间： 2017 年

　　项目的形成是基于核心区规划的重新梳理。为了丰富核心区的高度变化和天际线刻画，通过导入新的建筑来有效地形成视觉过渡，完善能达广场前的格局，对整个商务区的区域功能也做了业态补充和完善。从能达大厦视角，项目由于位于区域最高建筑之前，高度并不能产生显著的改善效果，相对建筑面宽对北向的视觉感受反而起到了关键作用。设计采用了面向中心景观的椭圆建筑形体，最大限度地获得主要景观。

　　立面造型结合功能设计，表现承载与传承文化的"卷轴"理念，寓意"智慧内敛，智珠在握"，与智慧之眼的主题对应贴切，以柔性的线条和流畅的空间激发人们无尽的灵感与想象。

　　塔楼一层东西两侧为办公主入口，北侧为裙房入口。办公塔楼入口前厅空间为多层通高的书卷式造型，体现了独特的空间形象。裙房布置无柱的公共大厅，大厅两层通高。塔楼部分采用双芯筒的布局方式，以满足不同办公室的人流需求。核心筒之间引入中庭空间，以绿色和共享办公的理念来提升整个办公场所的品质。

　　建筑两侧入口前厅的书卷形中庭空间层层收进，对椭圆形体进行完美的切割雕琢；外幕墙以金属装饰板和玻璃幕墙为设计元素，通过金属装饰板和玻璃的对比做到虚实结合，外挑横向金属装饰板有序地错落变化，更好地凸显出主体建筑横向脉络的机理、灵动的质感和流畅的现代感。

整体鸟瞰

街角视角

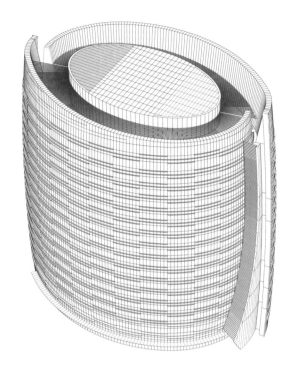

剖面图

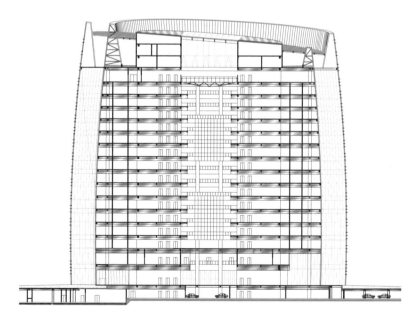

幕墙细部 1

典型墙身剖面

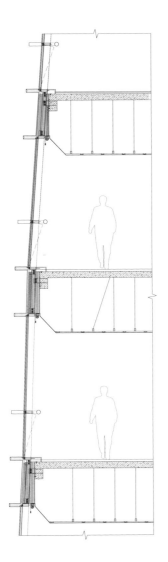

幕墙细部 2

办公入口

江苏省南通市
OFFICE

謇公湖科创中心
SCIENCE AND TECHNOLOGY INNOVATION CENTER OF JIANGONG LAKE

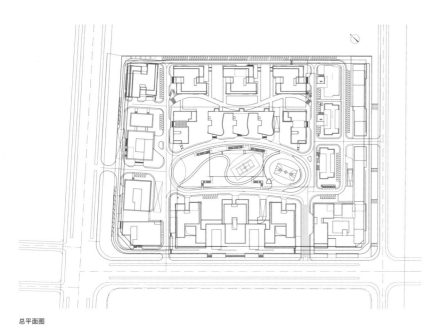

总平面图

项目地点：江苏南通

项目类型：科研 / 办公

建筑面积：181 107.76 m²

建筑高度：51.75 m

建筑层数：12 层

团队成员：李瑶、吴正、孙涛、项辰、吴增亮、傅俐俊、崔星彦，等

合作单位：上海中建建筑设计院有限公司（施工图设计）

设计时间：2015 年

建成时间：2019 年

　　謇公湖科创中心位于海门区謇公湖畔，项目整体规划用地 300 亩。基地南为东洲河，北与謇公湖隔路相接，东西两侧植被茂盛。科创中心俨然被绿野碧湖围绕，设计试图以建立与风景特质相呼应的方式，构成一段表述生机与活力的和谐韵律。

　　为充分对应这一地块的方正格局，在项目规划中紧密贴合基地红线，依此确立园区外围的规整构图，并划分五个功能区域组成整体园区。

　　以 3-5 层的多层总部建筑为主，仅在基地北侧布置塔楼，以此形成观看尺度开阔的庭院式布局。通过绿谷的延展与连接，将项目与自然环境一气融合，设计立意应运而生。

　　沿香港路打造视觉制高点，布置两座高层建筑。东塔楼为科创中心主楼，西塔楼为

树荫下东北角视角

相映成趣的一角

独栋研发楼视角

功能分析图

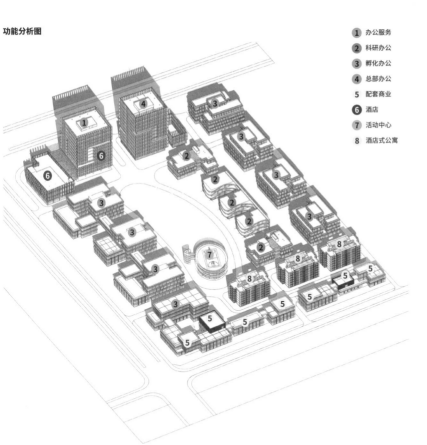

1 办公服务
2 科研办公
3 孵化办公
4 总部办公
5 配套商业
6 酒店
7 活动中心
8 酒店式公寓

南通謇公湖国际大酒店。凭窗远眺，风景尽收。场地由东向西，分别设置了不同类型的研发楼，南侧为商业配套和专家楼。项目的中央地块设计为集创业路演厅、科创礼堂、屋顶篮球场于一体的活动中心，以及室外网球场、环状跑道、花园所组成的多功能运动区，构建成项目活力核心区。

五个区域通过绿谷的串联形成绿色环形带。

项目外立面采用铝板幕墙单元，通过错落变化形成虚与实的对比。主楼立面采用单元格作为组合模块，一道内嵌的玻璃划格活跃了单元的规整节奏。多层建筑在水平的立面设计上排布彩色外挑竖向铝板，与主体建筑的横向肌理形成对照。由竖向栅格围造而成的功能楼形成的棕色体块，从灰与绿交织映衬的图景中跳脱而出，以旋转生长之势象征着科创产业的勃勃生机。

北侧双塔

03/ 北京市石景山区
OFFICE

银河财智中心
GALAXY WEALTH CENTER

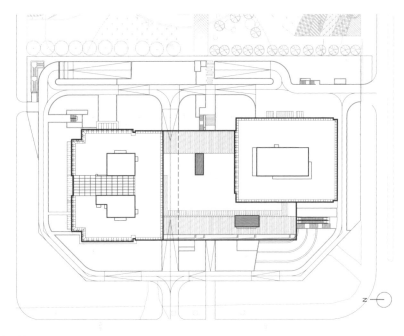

总平面图

项目地点：北京石景山
项目类型：商业 / 办公
建筑面积：87 325 m²
建筑高度：80 m
建筑层数：地上 17 层、地下 3 层
团队成员：李瑶、吴正、高海瑾、项辰、孙涛
合作单位：上海中建建筑设计院有限公司（施工图设计）
设计时间：2012 年
建成时间：2014 年

项目选址在北京市长安街西沿线南侧，东邻石景山 CRD 绿化广场，居石景山核心区中心位置。在前期策划过程中，基于限高和内部功能的需求，南北双塔的布局形成了均衡性的布局方式。塔楼尽量贴靠建筑退界线，最大限度地拉大南北两塔之间的距离，满足消防间距要求并减弱对视问题。结合高差和东侧城市绿化广场对城区的开放要求，采用裙房首层架空的方式，让西侧的视线与区域中心保持贯通，塑造了一个开放的城市架空广场。架空广场既衔接了南北两塔的高差，又对应了地上地下的连接，这一空间成为整个项目的节点所在。外立面主要利用石材饰条强调竖向线条，以增强建筑的挺拔感。与内部中庭空间、景观视线、日照采光相结合，加入玻璃幕墙的元素。玻璃与石材的虚实对比更加丰富了各向立面的层次。明快不失稳重，简洁流畅。

东北侧公园视角

西侧沿街视角

首层架空通廊东侧入口视角

东侧石景山公园视角

建筑形体轴测图

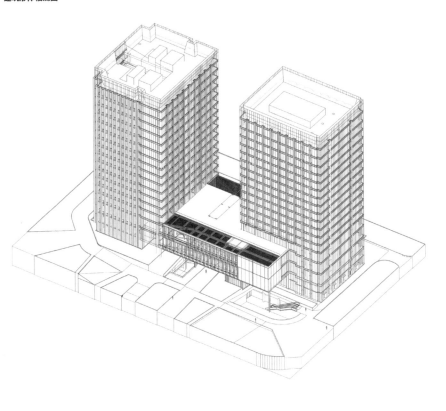

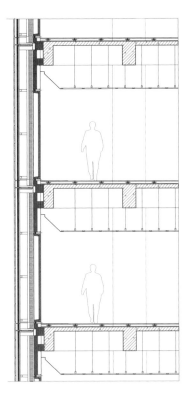

一层平面图

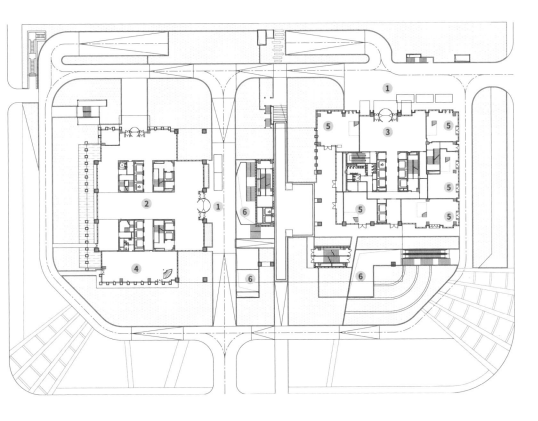

1 人行入口
2 北塔大厅
3 南塔大厅
4 银行
5 商铺
6 下沉庭院

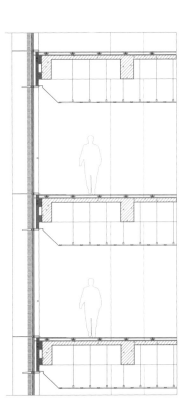

西岸·众腾大厦
ZHONGTENG BUILDING, WEST BUND

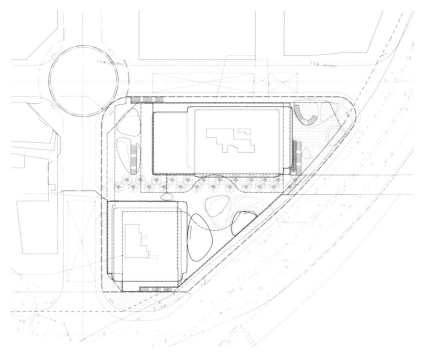

总平面图

项目地点：上海徐汇
项目类型：总部办公及商业配套
建筑面积：36 633.4 m²
建筑高度：60 m
建筑层数：地上 12 层、地下 3 层
团队成员：李瑶、吴正、高海瑾、项辰、吴增亮，等
合作单位：上海中建建筑设计院有限公司（施工图设计）
　　　　　荷兰 MVRDV 建筑事务所（形体概念设计）
设计时间：2013—2021 年
建成时间：2021 年

龙腾大道沿街视角

项目位于西岸国际传媒港研发区域的沿江位置 188S-O-1 地块，基地用地呈三角形。

总体功能被布置在分别为 40 米和 60 米高的两栋塔楼以增加徐汇滨水面总体规划天际线的变化。两栋塔楼位于基地角部的三角地块，在地块边界与总体规划对位并满足视觉通廊的需求。

为了塑造出不同的识别特征，塔楼被横向剖切成多个盒子。这些盒子在体积上经过放大或缩小的变化以增强辨识度。同时为了创造更多滨水及遥望浦东中心区的景观面，各个盒子在平面上通过位移创造出多个露台。各个盒子在地块外侧的位移较小，以期与总体规划边界对位，而在地块内部位移较大，以创造出积极活跃的内部空间变化。

每个叠加的盒子内部可以承载不同的办公功能需求，上部的盒子拥有绝佳的视野可以眺望浦东中心区和水面，地面层和平台层的盒子在满足商业文化需求的同时，与平台人流形成直接联系。

立面采用竖向的线条加强单元的完整度和挺拔感。

西北角沿街视角

2号楼东立面视角

立面仰视视角

首层主入口视角

东北角视角

北楼大厅视角

室内视角

南楼大厅视角

一层组合平面图

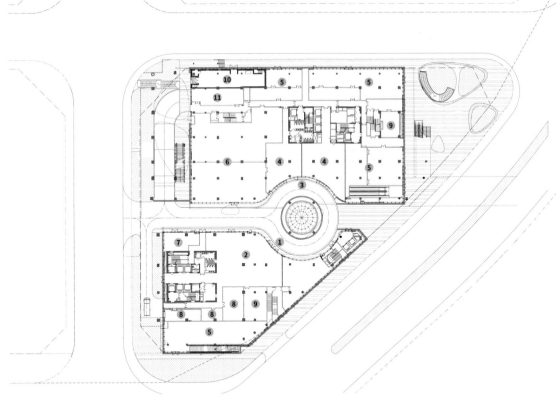

1 1号塔楼主入口
2 1号塔楼大厅
3 2号塔楼主入口
4 2号塔楼大厅
5 商业
6 展示空间
7 消防控制室
8 物业用房
9 办公管理用房
10 开闭所
11 空调机房

二层组合平面图

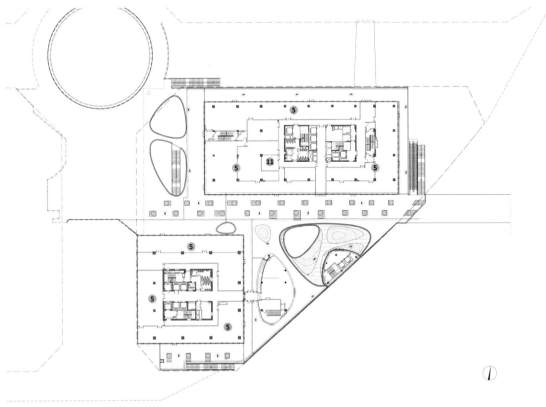

05/ 江苏省无锡市
OFFICE

运河湾·现代产业发展中心
YUNHE BAY · MODERN INDUSTRIAL DEVELOPMENT CENTER

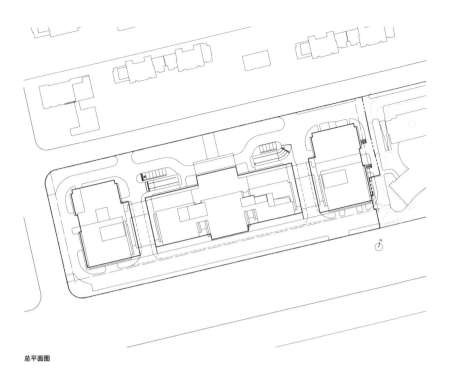

总平面图

项目地点：**江苏无锡**
项目类型：**办公**
建筑面积：**123 826 m²**
建筑高度：**1 号楼 62.40 m、2 号楼 58.20 m、3 号楼 58.20 m**
建筑层数：**1 号楼地上 15 层，2 号楼地上 14 层，3 号楼地上 14 层、地下 2 层**
团队成员：**李瑶、吴正、孙涛、高海瑾、项辰，等**
合作单位：**江苏城归设计有限责任公司（施工图设计）**
设计时间：**2014 年**
建成时间：**2020 年**

　　项目位于无锡市滨湖区核心区域，在限高和面对北侧住宅严苛的日照控制下，通过日照推演形成了板式建筑体量。在基地南侧即沿梁清路侧布置三幢高层，两边各布置一幢点式高层，中间一幢为板式高层。基地北侧留出空间，形成出入主广场。各幢楼之间通过回廊与平台连接，提供公共活动空间和更好的空间品质。

　　项目定位为 5A 级智能化办公园区，为入驻企业提供优雅、安全、高效、高品质的人性化办公环境。通过板式沿街形体，建筑恰如其分地契入不同尺度的街区内部，形成严整的街区界面；通过有效的公共开放空间促动积极的人文活动，从而创造出高效大气的建筑环境，凸显 21 世纪的办公形象。充分表现高档次、高水准的建筑气质。

　　结合金融平台的设计构思，本项目在三层打造了绿色的公共平台，将三幢独立的塔楼联系起来。除了便于资源的共享之外，还为促进办公人群之间的交流提供了空间。

　　项目通过多层次跌落的形式，妥善地解决了限高及北侧住宅小区日照时长的影响，最大化地利用了空间资源，同时提供了舒适的办公环境。

　　外立面主要利用石材饰条强调竖向线条，以增强建筑的挺拔感。玻璃与石材的虚实对比更加丰富了立面的层次。明快又不失稳重，简洁流畅。

整体鸟瞰

西北角鸟瞰

东南角视角

西北角视角

西南角鸟瞰

建筑轴测图

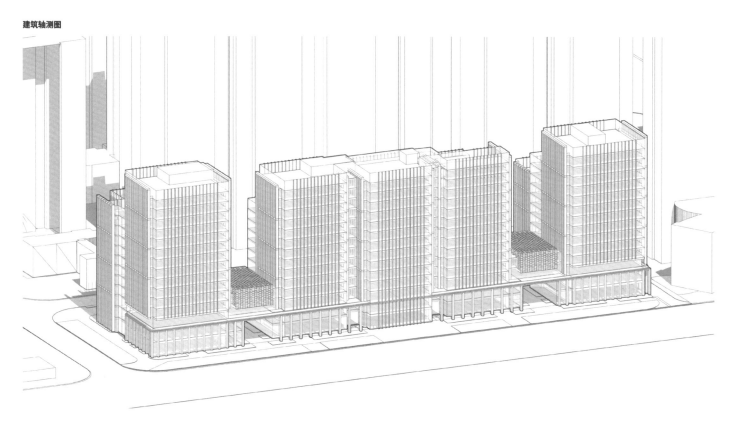

西南角视角

一层平面图

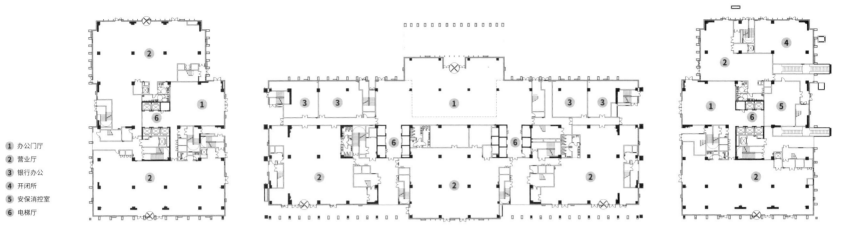

1 办公门厅
2 营业厅
3 银行办公
4 开闭所
5 安保消控室
6 电梯厅

建筑局部

局部立面视角

典型墙身剖面

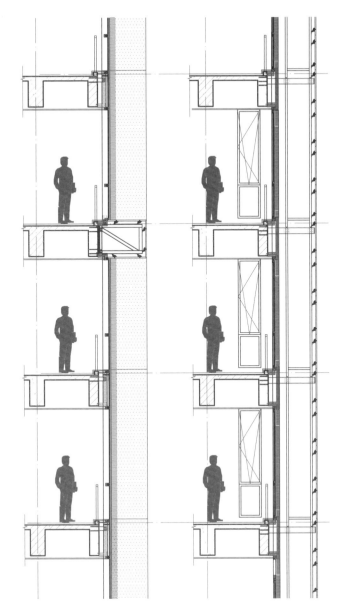

典型墙身平面

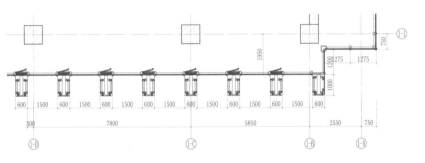

局部立面视角 1

局部立面视角 2

安吉凤凰中心广场
ANJI PHOENIX PLAZA

总平面图

项目地点：浙江安吉
项目类型：办公 / 酒店 / 文化配套 / 公寓住宅
建筑面积：94 745 m²
建筑高度：办公及酒店 71.2 m、公寓住宅 69.05 m/66.05 m、展示馆 18.0 m
建筑层数：酒店 16 层、公寓 18 层 /17 层、展示馆 3-4 层
团队成员：李瑶、吴正、孙涛、项辰、高海瑾、唐旭文、傅俐俊、盛乐，等
设计时间：2011—2017 年（方案设计）
建成时间：2020 年

　　项目基地作为安吉门户地块，南侧沿安吉大道设置 20 米城市绿化带，直面凤凰山公园，塔楼视野极佳。作为凤凰山景观的延续，整个项目以一种友好、开放的姿态面向城市，形成城市会客厅。

　　根据项目策划定位，对主楼面积配比进行合理划分，形成办公与商务酒店的组合。公寓住宅考虑区域市场的消费定位，形成双塔体量。商业部分结合南侧凤凰山景区、昌硕文化广场，以及西南侧安吉创客小镇的陆续开发，赋予本项目新的功能需求，导入青少年活动中心、妇女儿童活动中心及规划展示馆，有效地形成环凤凰山文化产业聚居区。

　　裙房以"竹海"为概念，引入弧形流线关系，内部动线自然顺畅，三层裙房层层退台形成交流平台。裙房区域犹如凤尾轻摆，与主塔楼、公寓共同演绎"凤仪竹篁"的主题。办公塔楼通过内外体块相互咬合做到虚实对比，通过对塔顶的切削形成凤凰展翅的造型，与凤凰山形成良好呼应；外幕墙以竖向金属格栅和玻璃幕墙为设计元素，外挑竖向格栅有序地层层收进，刻画出竹子节节攀高、生气蓬勃的美好形象。公寓住宅采用公建化立面处理手法，通过局部阳台凹进做法将建筑划分为两个体块；西南侧屋顶构架局部挑高形成良好指向性，与主塔楼相呼应。

东南侧鸟瞰

西侧主塔楼视角

青少年活动中心和规划展示馆视角

青少年活动中心视角

北侧沿路视角

妇女儿童活动中心视角

建筑轴测图

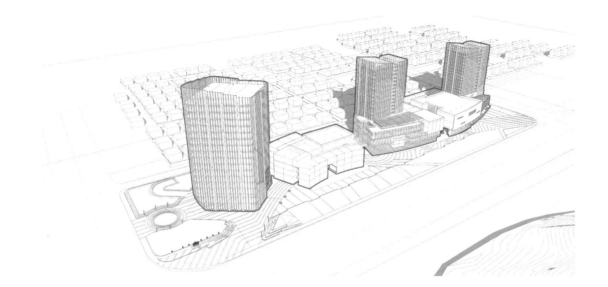

万达信息云数据中心
WONDERS DATA CENTER

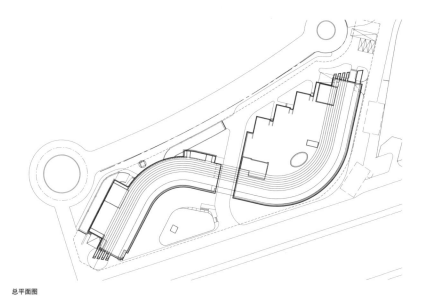

总平面图

项目地点：**上海闵行**

项目类型：**研发厂房**

建筑面积：**32 290.16 m²**

建筑高度：**30 m**

建筑层数：**地上 7 层、地下 1 层**

团队成员：**李瑶、吴正、高海瑾、傅俐俊、唐旭文，等**

合作单位：**上海中建建筑设计院有限公司（施工图设计）**

设计时间：**2012—2013 年**

建成时间：**2015 年**

万达信息总部位于上海闵行区漕河泾新兴技术开发区浦江高科技园，项目地块交通便利，地块四周均为新型技术企业总部，各朝向均有良好的视野。其西侧与周边地块以一条绿化带进行分隔。

所在用地沿路布置，较为狭长。一期建筑已经构成了弧长的视觉特征，二期设计选择了弧形的布局，既达到与一期的呼应，同时又随着弧形走向退让出城市空间，以削弱造成城市拥堵的感觉。并通过建筑间的开口形成了有效的城市节奏。

根据万达信息企业的特征，以务实、简约和高效构成基本的建筑风格。一期总部是由铝板和玻璃幕墙构成的建筑立面，二期设计希望在经济性和有效性之间形成最佳平衡，尤其是在建筑成本上加以控制，传递出有责任担当的上市企业的务实态度。设计配合一期铝板幕墙的线性特征选取了实墙和带状玻璃作为基本元素。在每栋建筑中根据使用特征刻划出单元立面组合。涂料、面砖和玻璃的组合构筑出品质化的立面。

万达信息二期在总体布局中，与一期融合协调，缓解了城市通道压力；在单体建筑中，线性划分回应一期，独特的窗墙构想在融合中特征凸显，丰富的材质和细部刻划极好地塑造了形象，分体块的建筑布局也带来了良好的城市节奏。

整体鸟瞰

联航路 A 楼视角

联航路 B 楼视角

联航路视角

典型墙身剖面

① 面砖
② 质感涂料
③ 轻钢龙骨石膏板吊顶

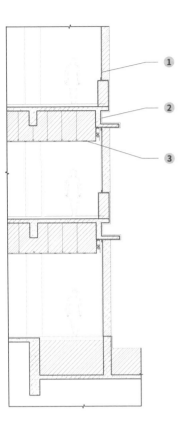

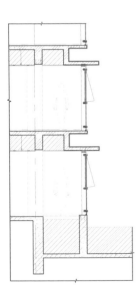

建筑轴测图

A楼主入口视角

謇公湖农展中心

AGRICULTURAL PRODUCTS EXHIBITION CENTER OF JIANGONG LAKE

总平面图

项目地点：江苏南通

项目类型：商业

建筑面积：4 955.43 m²

建筑高度：10.2 m

建筑层数：2 层

团队成员：李瑶、吴正、高海瑾、龚嘉炜、张依辰

合作单位：上海中建建筑设计院有限公司（施工图设计）

设计时间：2014 年

建成时间：2015 年

　　项目位于海门区謇公湖北侧地块，基地地势平坦，西侧面临农家鱼塘，拥有良好的自然生态。项目定义为謇公湖农产品展销中心，提供"新鲜、直供、品质优良"的农产品销售服务。立意取自江南传统建筑，通过坡顶的自由变换，凸显江南水韵。项目充分体现了绿色环保、以人为本的建筑理念，与周围环境达成完美的契合。

　　人流主要通过东侧黄浦江路入口广场集散人流，内部由环建筑步行街连接，结合自然生态果园景观，最大化实现丰富的自然生态。步行流线清晰，通过空间尺度变化和多元化立体布局丰富流线主次关系。

　　建筑一层南侧为主出入口；建筑中心部位设室外庭院，使处于建筑中的游客始终拥有景观面；一层以展销中心、餐饮、后勤为主要功能分区，二层为办公区域。

　　建筑立面材料以玻璃幕墙、砖墙和竹钢屋面为主，在保证满足现代化舒适的展销要求的同时，秉承自然绿色和谐的理念。

西南侧广场视角

东南角视角

南侧主入口视角

室内展厅

主入口东南侧视角

建筑轴测图

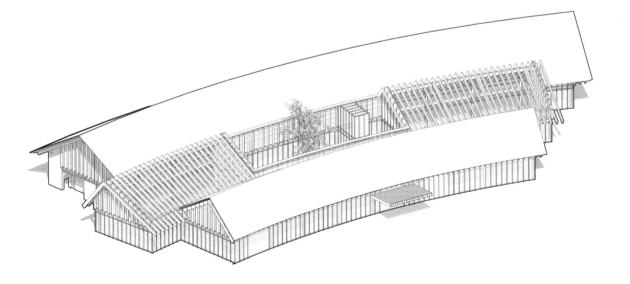

09/ 江苏省南通市
COMMERCE

星湖永旺梦乐城
SINHO AEON MALL

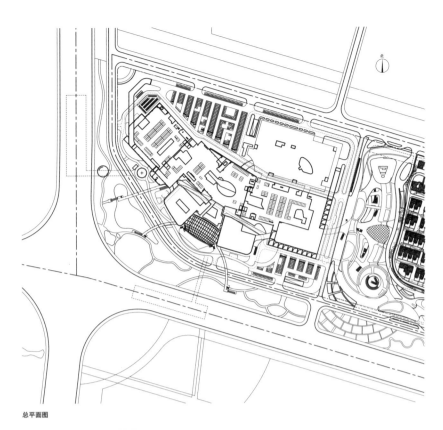

总平面图

项目地点: 江苏南通

项目类型: 商业 / 住宅

建筑面积: 175 164.12 m²

建筑高度: 50.75 m

建筑层数: 地上 16 层、地下 1 层

团队成员: 李瑶、吴正、孙涛、高海瑾、项辰、龚嘉炜、王臣，等

合作单位: 南通市建筑设计研究院有限公司（施工图设计）

HMA 建筑设计事务所（商业管理团队设计顾问）

设计时间: 2011—2017 年

建成时间: 2017 年

作为整个开发区整体商业引领的据点，项目体量庞大，通过平面南北区的分离和两翼的展开，犹如雄鹰展翅般耸立于能达商务区核心地块。立面上通过大面积采用金属格栅穿孔板和玻璃幕墙的组合，局部配有冷灰色和暖灰色石材，以削弱建筑体量的敦实感和绵长的天际线关系，提高轻盈感和通透感。在星湖城市广场设计过程中，设计并不隔绝地处理项目间的关系，而将其考虑为彼此的延伸和互动。根据策划定位，项目将作为永旺梦乐城的办公、住宅及街区商业的补充。住宅区衔接周边住宅布局，位于基地私密性最好的区域，商业部分与永旺梦乐城形成连续商业面。

南侧入口视角

南侧入口视角 1

南侧入口视角 2

连廊视角

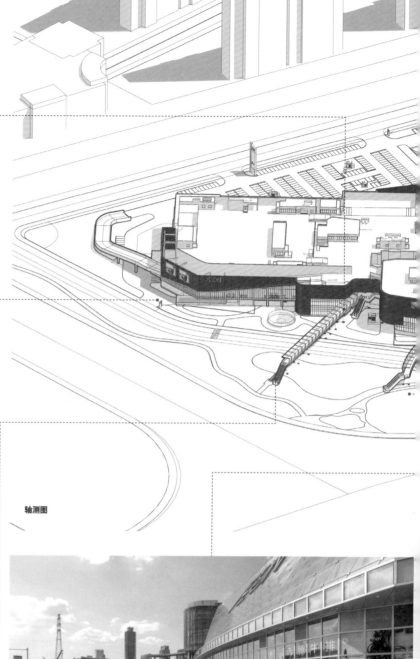

轴测图

下沉庭院视角

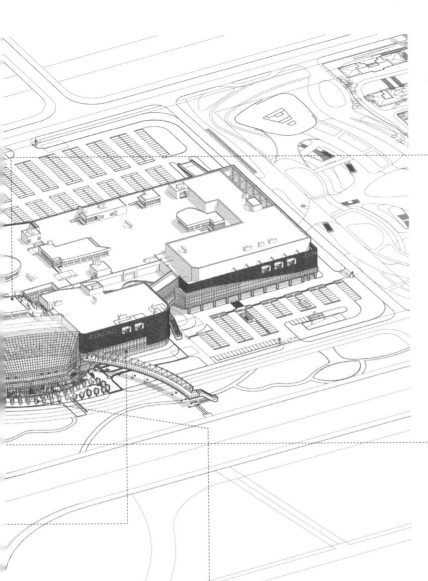

内街视角

天桥入口视角

北侧视角

内庭视角

青海藏文化博物院二期

QINGHAI TIBETAN CULTURE MUSEUM, PHASE II

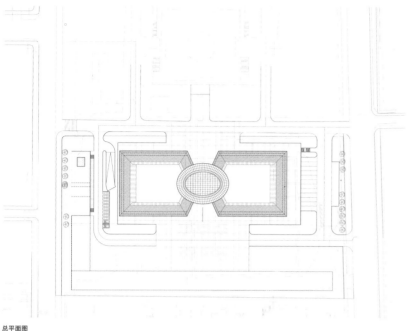

总平面图

项目地点: 青海西宁

项目类型: 文化

建筑面积: 28 568 m²

建筑高度: 23.6 m

建筑层数: 地上 4 层、地下 1 层

团队成员: 李瑶、吴正、孙涛、项辰、龚嘉伟,等

合作单位: 上海东方建筑设计研究院有限公司(施工图设计)

设计时间: 2012—2013 年

建成时间: 2018 年

　　青海藏文化博物院是世界上唯一一座以藏医药文化为主题的博物馆,是收藏、保护、展示、研究藏文化的专业型综合博物馆。博物院建有约 12 000 平方米的一期建筑,为了保存馆藏长 618 米、面积达 1 500 平方米的唐卡巨作《中国藏族文化艺术彩绘大观》,兴建二期新馆。《中国藏族文化艺术彩绘大观》从策划到完成历时 27 年,由青、藏、甘、川、滇五省 / 自治区四百多名学者、专家、顶尖工艺美术师绘制,堪称"藏文化百科全书"。

　　在规划设计过程中,力图保留和延续城市肌理中轴线关系。将博物馆定位为西宁城市丰厚文化的形象窗口。整个建筑以矩形体量为主体,其中穿插椭圆形玻璃中庭形成入口,以玻璃幕墙的坛城方式使空间视线得以延续。方形斜向实体体量与博物院一期藏式建筑风貌相呼应。

　　中庭联系了矩形两翼,矩形的四角为交通核心筒,保证垂直方向的交通和疏散要求。一层设有临时展馆、百人报告厅及配套商业;二、三层依次设有民俗馆、历史馆、精品馆、佛像馆四个陈列展馆;四层整个楼层提供了《中国藏族文化艺术彩绘大观》的专属展示场所,可供这幅总长为 618 米的唐卡巨作不间断展出。

　　项目历经 5 年的建筑和布展工作,于 2018 年年底落成,成为国内乃至世界上建设规模最大、文化品位最高的藏文化主题博物馆。

整体鸟瞰

东南角鸟瞰

建筑轴测图

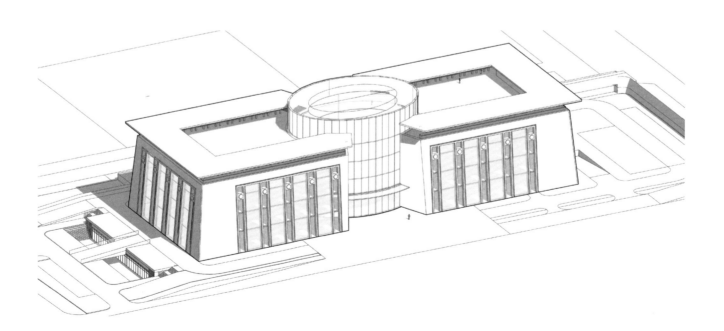

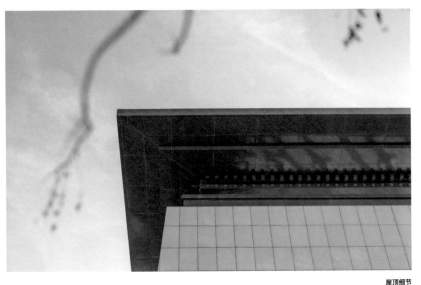

屋顶细节

藏文化元素

局部幕墙立面

典型墙身剖面

幕墙图案纹理

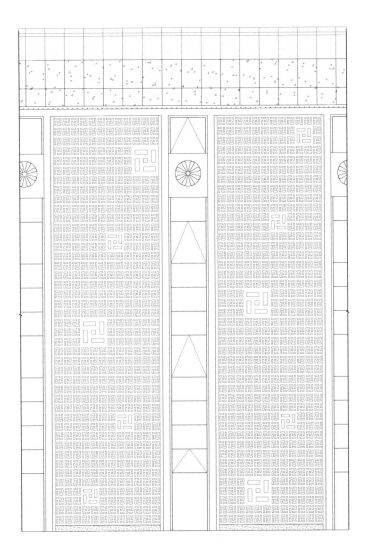

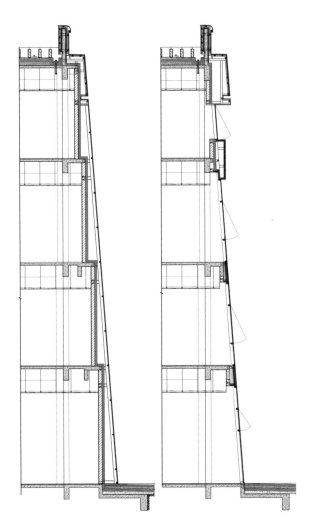

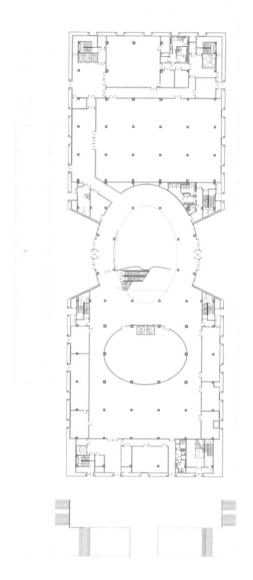

中庭

唐卡大观

佛经阁

能达云·月
NETDA CLOUD·MOON

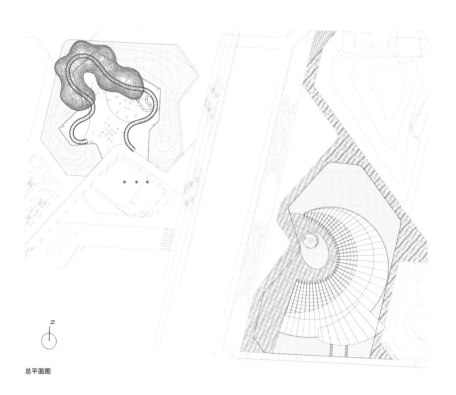

总平面图

项目地点：**江苏南通**

项目类型：**公园配套**

建筑面积：**云构筑物、月城市展厅 775 m²**

建筑高度：**云 10 m、月 9 m**

建筑层数：**1 层**

建筑团队成员：**李瑶、吴正、项辰、张天琪，等**

室内团队成员：**李瑶、吴正、张剑锋、王晖，等**

合作单位：**上海都市建筑设计有限公司（结构、机电及施工图设计）**

设计时间：**2018 年**

建成时间：**2020 年**

借由景观式的建筑设计和空间功能的升级，塑造一处兼具美观、趣味及功能性的公共休闲活动中心。项目由两处彼此呼应的空间，开放式的"云"和闭合式的"月"组成。尝试运用"反建筑"的表达方式改变常规建筑垂直支撑的原理：以超薄钢片搭建一个多跨连续的钢架结构，通过片状化的主体构成一个流畅的建筑空间，并使用钢柱体形成支撑。以结构回应形体，漂浮形成富有梦幻色彩的"云"。"月"的设计采用同样通透的原则，呈扇形分布的直线梁柱和大面积的玻璃连接月牙两端的弧线，构成"月"的前端主体，半月牙的横截面一侧设置为入口。"云"是公共户外休闲的空间，"月"作为星湖城市展厅，为园区提供多功能的文化体验。希望"月""云"呼应，构成一组相映成辉的核心区中心景观。

东南侧鸟瞰

"云" 整体鸟瞰

"月" 整体鸟瞰

"云"内部的构建细节

"云"中漫步

"云"局部特写

整体夜景鸟瞰

"云"西南角夜景

"月"夜景鸟瞰

04
UNDER CONSTRUCTION

建造中

01/ 上海市浦东新区
OFFICE

张江高端医疗器械产业园
ZHANGJIANG HIGH-END MEDICAL DEVICE INDUSTRIAL PARK

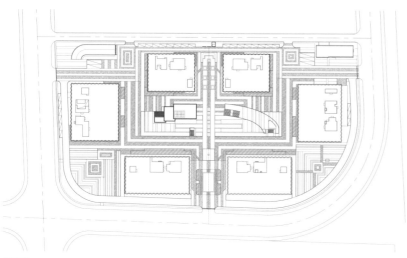

总平面图

项目地点：上海浦东

项目类型：研发厂房

建筑面积：98 182.59 m²

建筑高度：1 号厂房 48.4 m、2 号厂房 34.0 m、3 号厂房 43.6 m、
4 号厂房 34.0 m、5 号厂房 43.6 m、6 号厂房 43.6 m

建筑层数：地上 9 层、地下 1 层

团队成员：李瑶、吴正、高海瑾、吴增亮、刘旸、祖利遥、马进，等

合作单位：上海中建建筑设计院有限公司（结构、机电施工图设计）
上海睿柏建筑外墙设计咨询有限公司（幕墙设计）
骏业建筑科技（上海）有限公司（绿建设计）
之莫樱（上海）建筑规划设计有限公司（景观概念设计）
上海迪弗建筑规划设计有限公司（景观设计）

设计时间：2018—2019 年

建成时间：2023 年 2 月

本项目功能以实验、研发为主，力图打造复合型医疗器械产业园的标杆。

整个产业园以中央花园为中心，通过空间组织与环境设计，满足了产业园的功能和形象要求，为城市景观塑造了全新的形象。建筑高度自西向东依次跌落。地块西侧设置总部塔楼，打造区域核心标志，同时有利于冬季挡风。

六栋厂房标准层面积分为三个等级，以适应不同规模的公司需求。建筑平面结合框架结构，形成流动灵活的平面布局，应对不同体量的企业入驻。立面采用了标准化、单元式、节奏化的设计方式，建筑整体性强，立面虚实相映、轻松明快，摆脱了传统单调乏味的工业建筑形式。立面单元将采光、遮阳、通风集成为一种单元，形成有节奏的立面形式，并具有较高的立面可控性和工业设计感。

园区中心景观透视效果图

西南视角效果图

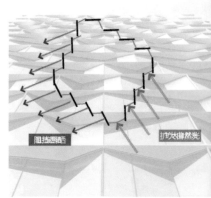

使用折板手法，通过玻璃面与实面的不同角度获得更多的自然光照，并有效阻挡西晒，期待绿色节能作用。

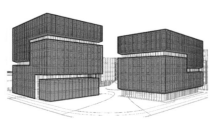

用退台层和不同材质的折板区分块面，形成台阶式的平台空间，仿佛榫卯构件的拼接组合。

1号、2号厂房北侧效果图

2 号厂房四层平面图

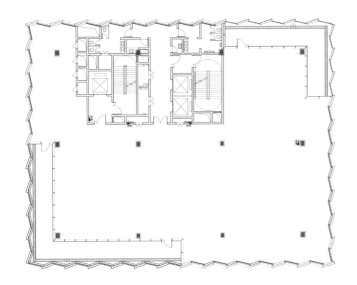

建筑立面模块模型图

立面通过模块化的手法拼接，窗墙的实体部分用肌理质感和光面两种表现方式丰富立面效果。

幕墙节点图

1. 10+12A+10mm 钢化中空玻璃幕墙
2. 下悬内倒窗
3. 2.5mm 厚灰色铝单板
4. 2.5mm 厚银灰色铝单板
5. 2.5mm 厚波纹板铝单板
6. 8+12Ar+6LOW-E 中空安全玻璃幕墙
7. 梁边界线
8. 结构边界线

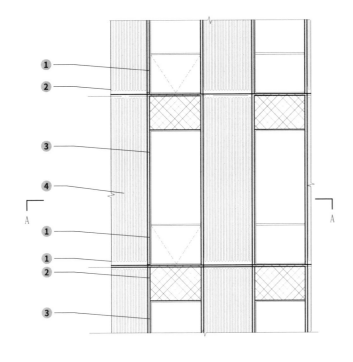

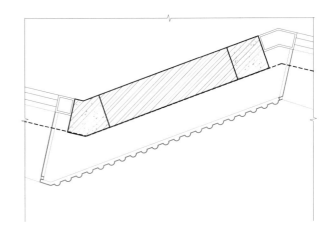

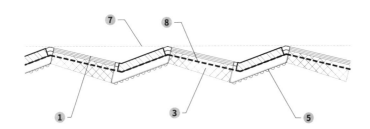

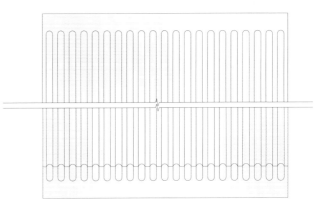

02/ 江苏省苏州市
OFFICE

丰景·星耀之光
XING YAO ZHI GUANG

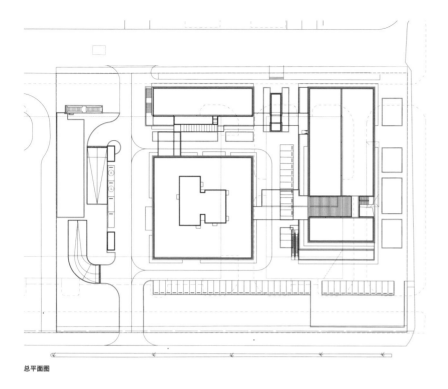

总平面图

项目地点：**江苏苏州太仓**

项目类型：**办公**

建筑面积：**48 468.075 m²**

建筑高度：**81.3 m**

建筑层数：**地上 19 层、地下 1 层**

团队成员：**李瑶、吴正、龚嘉炜、傅俐俊、仲漾晖**

合作单位：**上海中建建筑设计院有限公司（施工图设计）**

设计时间：**2014 年**

建成时间：**2021 年 11 月**

　　本案取义为"太湖石"，同时引入"绿色建筑"概念，将具有地方特色的人文理念引入到建筑中，通过简洁流畅的造型、先进的绿色节能概念，形成干练时尚的建筑形象。根据地块周边规划特征，塔楼设于地块西南角，裙房设于地块东、北侧围绕塔楼布置，并通过连廊与塔楼连接。

　　项目充分利用南侧城市绿化景观带的景观资源，并结合屋顶绿化和垂直绿化，为地块内住户提供健康绿色的办公环境。

　　结合双芯筒的布局方式，在塔楼一层西侧和北侧设置独立入口大堂，大厅两层通高，裙房共四层，设置为环境优美的创业型企业办公场所。

东南侧视角

主楼立面近景

连廊

剖面图

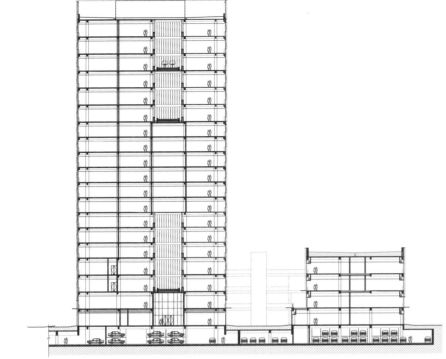

幕墙节点图

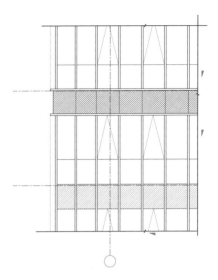

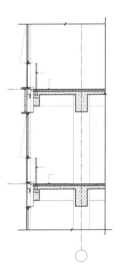

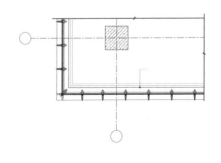

一层平面图

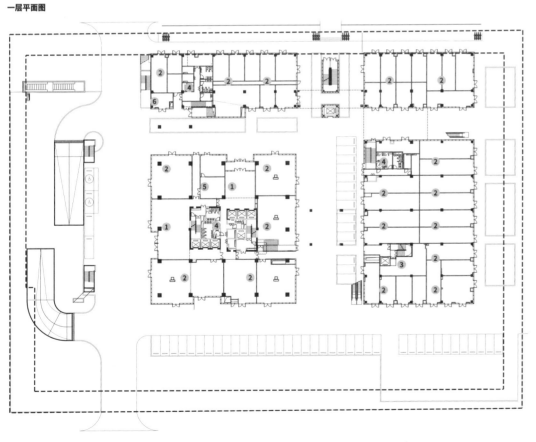

1 商务办公大堂

2 商务办公

3 物业用房

4 卫生间

5 消防控制室

6 燃气表间

奥普生物医药科创总部

UPPER BIO-TECH PHARMA CO., LTD. SCIENCE & TECHNOLOGY INNOVATION HEADQUARTERS

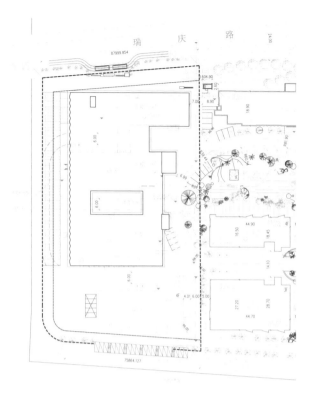

总平面图

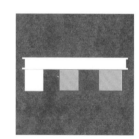

项目地点： 上海浦东

项目类型： 厂区研发用房

建筑面积： 12 384 m²

建筑高度： 29.9 m

建筑层数： 地上 6 层

团队成员： 李瑶、吴正、孙涛、祖利遥

合作单位： 华东建筑设计研究总院（结构、机电设计）

设计时间： 2019—2021 年

建成时间： 预计 2024 年

建筑形体生成概念

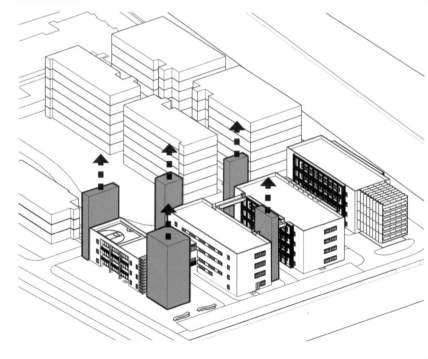

　　本项目为上海奥普生物医药有限公司产业园的改扩建项目，在基地内原有四栋多层科研厂房的基础上进行扩建。新建高层厂房以"6"字形布局方式，架空在三栋既存建筑上空，在有限的基地范围内突破性地将新建建筑悬浮于空中，仅留结构和交通空间落地，以环抱的姿态迎合整个产业园区。功能以安置体外智慧诊断 (IDV+ 大数据) 处理、产品服务跟踪指导分析的腾云管家系统等高科技的试剂研发和仪器研发为主，产业配套为辅，力图打造张江东片医疗器械园区的地标性建筑。

　　立面采用充满韵律感的折面形式为主要表达手法，以高反射彩釉玻璃与玻璃幕墙组合的单元幕墙来表达虚实关系，同时可以通过调整彩釉玻璃方位来解决夏季遮阳问题及遮挡冬季西北风，以满足节能要求。

建筑沿街视角效果图

建筑形体模型图

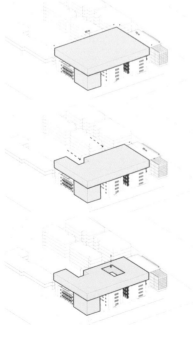

轴测图

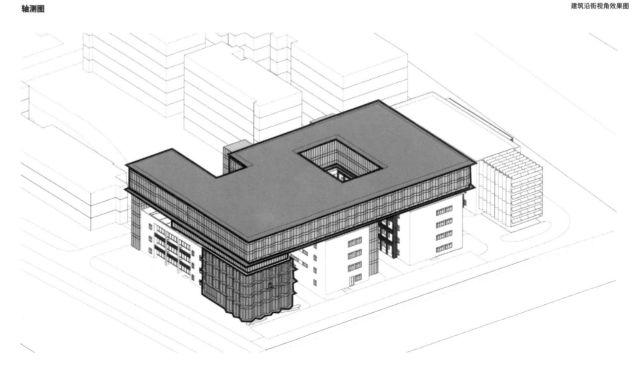

明园·汕头国际科创金融城 F04-05 地块

MINGYUAN · SHANTOU INTERNATIONAL SCIENCE & TECHNOLOGY
INNOVATION FINANCIAL CITY PLOT F04-05

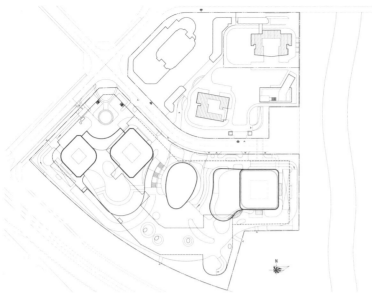

总平面图

项目地点：广东汕头

项目类型：办公／商业

建筑面积：346 565.29 m²

建筑高度：227.95 m

建筑层数：地上 51 层、地下 2 层

团队成员：李瑶、吴正、高海瑾、项辰、张天琪，等

合作单位：华东都市建筑设计研究总院

设计阶段：方案设计

设计时间：2016 年

建成时间：预计 2025 年

整体鸟瞰效果图

项目主要引进金融类、科创类总部企业和高端研发机构，打造汕头"科创＋金融双高地"。同时导入文创功能作为发动核心，将艺术欣赏、人文体验完美结合并互动，形成品质化的金融总部。整体布局围绕中心的艺术中心，两侧的商业裙房与酒店裙房造型呈飘带状，形成"玉带环珠"之势。三座塔楼的排布概念尊崇山水文化，自然地融入场地。高250 米塔楼布置在基地的东侧，紧邻新津片区景观规划中轴线，形成滨海地标性建筑。高100 米和 190 米的两幢高层塔楼布置在基地西侧，围合成入口大广场。两幢塔楼之间通过裙房连接，形成连续的城市商业界面。以中央的艺术中心南侧广场为核心，设置雕塑公园，与艺术中心室外展场相结合，提升地块的文化气质。项目取意"凤凰明珠"。金凤花为汕头市市花。金凤花花冠呈橙红色，边缘黄金色，如火焰蝴蝶般常年立于枝头。塔楼的冠部，提取金凤花花瓣的弧线元素，形成如花瓣灵动而轻盈的冠部造型。两座副塔楼的立面采用简约的竖挺杆件使建筑显得更加挺拔，顶部作斜切处理进一步提升建筑的高度感。面向大海的一侧为通透的玻璃幕墙，形成良好的观景面，并与顶部的造型部分连通，如一道光带点亮夜空。裙房采用参数化的方式，提取自然元素投射于幕墙上，通过建筑造型演绎"山水文化"。艺术中心采用网架结构支撑，包裹在玻璃幕墙中，呈现出通透的形态，仿佛嵌入场地内部的一颗"明珠"。

整体透视效果图

功能分析图

- 酒店
- 行政办公
- 办公
- 商业
- 艺术
- 避难层

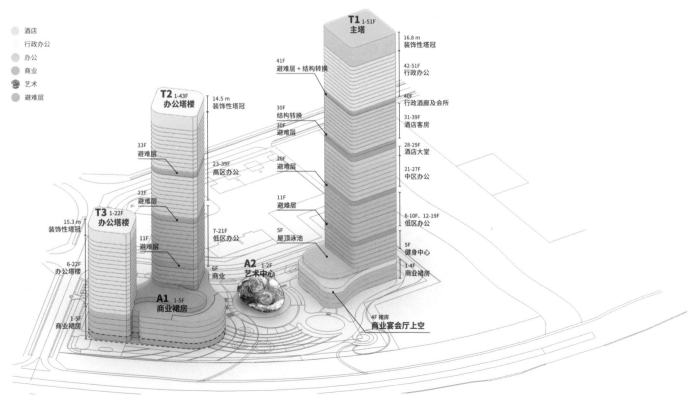

T1 1-51F
主塔

16.8 m
装饰性塔冠

41F
避难层 + 结构转换

42-51F
行政办公

40F
行政酒廊及会所

30F
结构转换

31-39F
酒店客房

30F
避难层

28-29F
酒店大堂

20F
避难层

21-27F
中区办公

11F
避难层

6-10F、12-19F
低区办公

5F
屋顶泳池

5F
健身中心

1-4F
商业裙房

4F 裙房
商业宴会厅上空

T2 1-43F
办公塔楼

14.5 m
装饰性塔冠

33F
避难层

23-39F
高区办公

22F
避难层

7-21F
低区办公

6F
商业

T3 1-22F
办公塔楼

15.3 m
装饰性塔冠

6-22F
办公塔楼

11F
避难层

1-5F
商业裙房

A1 1-5F
商业裙房

A2 1-2F
艺术中心

富盛广场
FUSHENG PLAZA

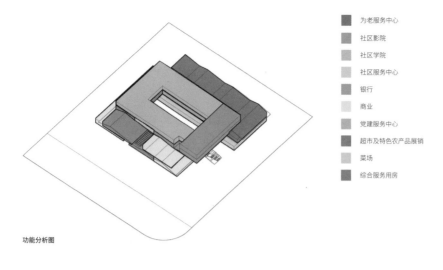

功能分析图

为老服务中心
社区影院
社区学院
社区服务中心
银行
商业
党建服务中心
超市及特色农产品展销
菜场
综合服务用房

项目地点： 上海崇明
项目类型： 商业
建筑面积： 30 988.31 m²
建筑高度： 17.85 m
建筑层数： 地上 4 层
团队成员： 李瑶、吴正、项辰、吴增亮，等
合作单位： 上海中建建筑设计院有限公司（结构、机电施工图设计）
        骏业建筑科技（上海）有限公司（绿建设计）
        上海迪弗建筑规划设计有限公司（景观设计）
设计时间： 2019 年
建成时间： 预计 2022 年

项目定义为社区提供多元化的服务设施，突出社区商业的服务理念，营造社区邻里氛围。

设计通过空间处理手法创造更多的商业界面，以增加项目整体的商业价值。迎合新时代消费人群的喜好，打造生态化、平台化中庭，提供一个活力开放的社区交流空间。同时平台层也创造出更多的商业界面。

项目周边目前都是现代风貌的建筑现状，设计中结合现代的建筑表现手段，同时对应中国元素的建筑特征，形成了融合于周边的整体风格，并有效对应了区域规划思想的表达。

总体构思上采用"四水归堂"围合式的中式庭院空间结合立体平台的理念，形成立体化的庭院空间。

在功能布局上，形成上下两个功能分区，将菜场、综合服务用房、社区服务中心、银行、超市、健身中心等结合二层平台有效地连接在一起；三层与四层采用围合中庭的形式，串联为老服务中心、社区影院、社区学院、党建服务中心等；上下分区功能动静分离，互不干扰。

本方案设计采用简洁的体块组合，形成基座平台层与空中庭院层的组合；基座层采用中式坡顶元素，形成波浪意向，呼应海岛特色主题；空中庭院层采用单向坡顶，块面简洁工整。立面元素采用木制格栅、砂岩和玻璃的组合，体现中国元素与现代元素的有机组合。

中国元素·江南韵味：顶之形

海岛风情：水之韵

屋顶提取折线元素

↓

延绵起伏的波浪

↓

深灰色金属屋面
木色构架
木色天花

建筑化表达

北侧入口视角效果图

东北侧视角效果图

福安坦洋茶谷

FUAN TANYANG TEA VALLEY

项目地点： 福建宁德福安

项目类型： 文旅 / 商业 / 厂房 / 酒店

建筑面积： 11 4071.1 m²

建筑高度： 酒店 27 m、商业 15.3 m、厂房 18.9 m

建筑层数： 酒店 6 层、商业 3 层、厂房 3-4 层

团队成员： 李瑶、吴正、孙涛、李敏承，等

合作单位： 龙元建设集团股份有限公司浙江设计分公司（施工图设计）

设计阶段： 方案设计

设计时间： 2019 年

建成时间： 预计 2024 年

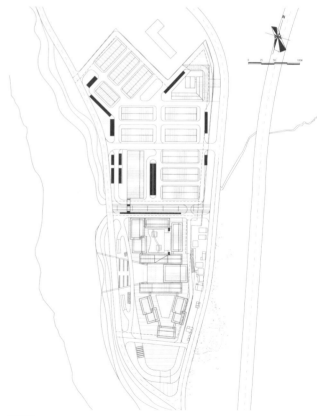

总平面图

　　本项目位于"中国茶叶之乡"福安，项目以国际一流茶生产中心为产业核心，同时辅以产品销售中心和研学培训中心的三位一体的全产业链发展模式，未来将打造成为"茶产业 + 微度假"生活模式产业小镇。整个基地由中部东西向泄洪渠自然地分隔为南北两区：北区为工业用地，通过现代化茶产业园区的打造，为坦洋工夫茶产业的龙头企业创造国际一流的生产、研发、检测、制茶比赛、茶青交易等复合功能的创业环境；南区为公共管理与公共服务设施用地，主要是为茶产业园区提供配套服务，作为全产业链功能的有效补充和完善。

　　建筑布局传承于福安当地传统坦洋村落的肌理，营造中式茶园院落。建筑以多层为主，最大程度呼应及融入周边山水的天际线关系。立面形式采用福安当地传统的廊桥和横楼概念，将功能和流线有机地结合，既能保证商业动线的流畅，又通过材质的虚实表现手法致敬地域文化。建筑群重新演绎了传统建筑重檐概念，层层叠错，与层峦叠嶂的山水景色交相辉映，相得益彰。同时在入口门厅的区域重点刻画，重现闽南特色的建筑符号。

沿河景观效果图

场地趋势

由南向北呈阶梯状缓慢爬升

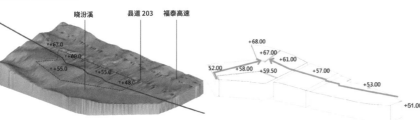

环境对应

利用场地的自然高差作为室内停车场，减小开挖地下室成本；
利用沿河一侧的退河道蓝线作为得天独厚的景观绿化带。

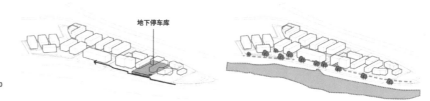

产业对应

根据规划要求，场地分为工业用地和划拨用地，划拨用地性质为公共管理与公共服务设施用地。
因此将茶叶生产车间对应至工业用地，将研学中心和创新中心对应至划拨用地。

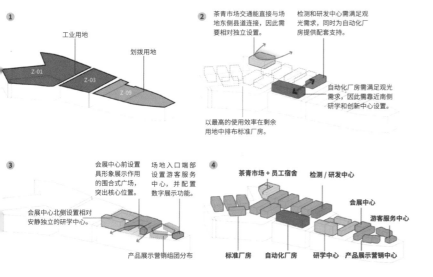

概念来源：廊桥

建筑采用福安当地传统的廊桥概念，将功能与流线有机结合，既能保证商业动线的流畅，又通过现代建筑的表现手法致敬地域文化。

07/ 江苏省南通市
COMMERCE/RESIDENCE/HOTEL/OFFICE

星湖城市广场
SINHO CITY SQUARE

项目地点：江苏南通
项目类型：商业 / 住宅
建筑面积：16 389.06 m²
建筑高度：50.75 m
建筑层数：地上 16 层、地下 1 层
团队成员：李瑶、吴正、高海瑾、孙涛
合作单位：上海中建建筑设计院有限公司（施工图设计）
　　　　　上海迪弗建筑规划设计有限公司（景观设计）
设计时间：2011—2017 年
建成时间：2022 年 1 月

总平面图

星湖城市广场，是能达开发区的商业旗舰项目。

项目从前期策划阶段到方案的正式实施经历了漫长的研究过程。作为南通开发区新兴的商业地块，依托紧邻商业 MALL 的优势，考虑以更具有灵活性的社区服务商业的面貌呈现。相对于封闭的商业 MALL 形式，以流线型的建筑外观引入更多的人流和开放式的商业空间，通过开放的步道形成多变的组合。二期与一期 MALL 形成整体的商业组团，其商业辐射力构成了完整的商业界面，同时针对商业性与私密性区域进行合理分区。设计将主塔楼布置于西北侧，最大程度减少对商业动线和住宅日照的影响；位于北侧的高品质住宅区域衔接了基地周边住宅的区域氛围，是项目中私密性最佳的区域。

星湖城市广场整体设计采用北高南低、西高东低的规划布局方式。同时充分考虑分期实施和整体氛围的塑造，通过各个单元块体彼此的延伸和互动，共同打造了能达开发区最具活力的商业据点。

施工现场 1

多层住宅

联排别墅

商业中庭和酒店组合效果图

商业内街透视效果图

施工现场 2

施工现场 3

08/ **江苏省南通市**
RESIDENCE

星湖泮
SINHO PAN

项目地点： 江苏南通
项目类型： 住宅
建筑面积： 79 992 m²
建筑高度： 低层住宅 10.2 m、小高层 34.4 m、邻里中心 30.3 m
建筑层数： 住宅 3 层、11 层，邻里中心 7 层
团队成员： 李瑶、吴正、孙涛、李敏承、祖利遥、吴增亮
合作单位： 南通市勘察设计院有限公司（施工图设计）
设计时间： 2019—2020 年
建成时间： 预计 2022 年

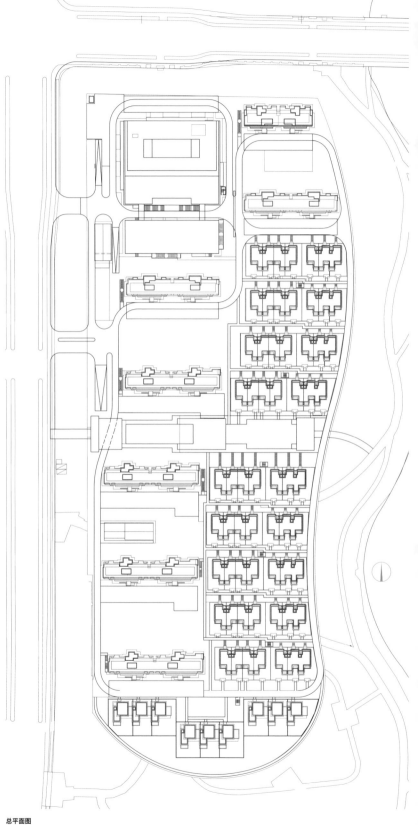

总平面图

项目紧邻一线湖景，以打造"公园里"概念，将基地内景观与能达生态通廊核心景观带融为一体。良好的西高东低、北高南低的天际线关系在保证了低层住宅浸入式临湖景观特质的同时，也保证了所有 11 层高层住宅和邻里中心都具备一线湖景的极佳景观视野，从而打造全方位无遮挡观景的立体生态品质社区。

住宅区高层致敬经典现代风格，墙体以石材为主基调，通过细部勾缝处理体现建筑品质感。阳台强化横向线条，与墙体做到虚实对比。低层住宅整体风格与高层住宅基本立面元素相呼应，精致的挑檐，简洁的线脚，创造出具有人文特征的区域形象。

邻里中心公建区域以极简线条和体块组合进行构思，使功能布局更加清晰，屋顶空间高效利用，增加空间使用感和整体性。

西南侧沿街视角效果图

沿湖视角效果图

阳光悦城

SUNSHINE YUE CHENG

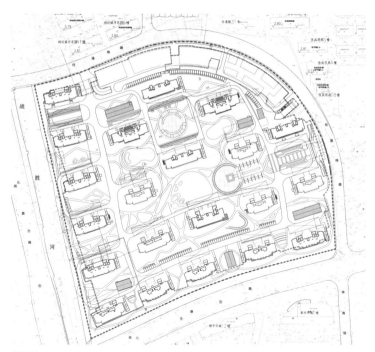

总平面图

项目地点: 江苏南通

项目类型: 商业 / 居住

建筑面积: 总建筑面积 287 740.99 m²

地上建筑面积 208 224.96 m²、地下建筑面积 79 516.03 m²

建筑高度: 高层住宅 48.3~78.3 m、配套商业 9.95~18.2 m

建筑层数: 住宅 14-26 层、配套商业 2-4 层

团队成员: 李瑶、吴正、孙涛、吴增亮、李敏承、张欢奇、谢建，等

合作单位: 南通市勘察设计院有限公司（施工图设计）

设计时间: 2020—2021 年

建成时间: 预计 2023 年

项目引入"阳光""悦""城"概念，城市更新改造就是要把来自政府和社会的温暖照进破旧小区人民的心里，让阳光照亮城市的每一个角落！

"阳光"代表生机、活力，通过对住宅楼之间栋距的有效控制和错栋布局，满足项目住户都能拥有的充足阳光；通过对中心景观的环形景观及步道的打造，也呼应阳光主题。同时结合后疫情时代的要求，本项目居住品质在社交、生活、户型优化、社区卫生、环境等多个维度也进行了迭代。

"悦"代表美好的用户体验，让居住者体会到愉悦的生活氛围。不仅限于户内的私密生活状态，更向外延伸到户外的半私密、半开放的空间打造，为居民提供适于交流、活动的空间和温暖安全的归家路线。

"城"代表着自给自足的完备生态系统，项目配备了社区服务站、卫生服务站、文化活动站、体育活动站及配套商业等功能，社区服务的全面性得到良好体现。

通过对任港路新村的更新改造来提高原住民的生活质量，满足他们日益增长的物质文化需求，充分实现生活内在的和谐与理性。通过内部景观的打造，为居民提供适于交流、活动的空间，保证了区域内所有住宅都具备较好的景观视野，打造全方位无遮挡观景立体生态品质社区，形成社区改造类项目的标杆。

项目房型以满足还迁为主，多类型、小房型、高标准是项目的基本要求。项目充分考虑居民的生活需求与经济支撑，在户型设计上采取"小而精致"的理念，每个户型都体现了小中见大、合理分区的原则。

项目打造"一心，两轴，多节点"的布局方式。"一心"是中心景观区，基地东侧主入口向西形成横向景观轴线，基地北侧次入口向南形成纵向景观轴线，形成住户进入园区的第一景观印象。两轴与中心景观形成良好的呼应；各栋前的组团景观绿地也根据不同特点打造不同主题，形成多节点的布局方式。同时结合基地西侧的景观河道，打造优质滨河景观。景观体系的打造，可以形成基地内部的"绿肺"，达到对基地内部"微气候"环境的调节，打造舒适宜人的地面环境。

整个项目采用典雅的现代建筑风格。暖色的仿石墙面传达出阳光般的温暖，与棕色的窗扇与线条形成色彩的组合，呼应"阳光·悦·城"设计主题。

配套商业区域以简单线条和体块组合进行构思，整体以窗墙体系为主。建筑通过竖向的划分形成富有韵律感的视觉效果，使建筑简洁且具有挺拔感，材料以深棕色金属铝板和暖黄色真石漆组成。

住宅区高层建筑墙体以暖黄色仿石材质为主基调，通过细部勾缝处理体现建筑品质感，阳台采用通长玻璃栏板，强化横向线条，同时与墙体做到虚实对比。窗框处理上采用深棕色金属型材，在展现细节的同时与真石漆墙面良好呼应。精准的建筑细节和尺寸的把握，为住户提供安全、舒适、合理的归家环境。

商业夜景效果图

西北侧入口效果图

中创区全民健身中心
ZHONGCHUANG SPORTS CENTER

总平面图

项目地点：江苏南通
项目类型：体育设施
建筑面积：16 389.06 m²
建筑高度：23 m
建筑层数：4 层
建筑团队成员：李瑶、吴正、孙涛、项辰、吴增亮、傅俐俊、沈逸飞、姚念，等
室内团队成员：李瑶、吴正、陈思捷、王晖，等
合作单位：华东都市建筑设计研究总院（施工图设计）
设计时间：2018—2021 年
建成时间：2021 年 9 月

项目力求将周边景观资源充分利用，结合景观打造全景式的健身场所。项目由室外场地与健身中心主体组成，健身中心主体所需空间较大，布置在北侧，主要面向东北侧湖面景观，在健身时可以全方面领略森林公园的美景；南侧布置室外篮球场和网球场，在健身中心东侧结合建筑造型布置七人足球场。全民健身中心内功能繁多，以一条联通各层的大楼梯组织起室内各功能块。楼梯在西侧沿外立面拾级而上，是全民健身中心一个极具特色的内部空间。三层与四层的空间联通，在四层设置空中跑道，中部上空与健身空间相互渗透、相互影响，进而达到相互提升的效果。

东侧面向湖面方向主要以纯净的玻璃幕墙打造内透式的健身展示面，在欣赏湖景的同时，运动的身影也成为一道活力的城市生活风景线，带动了整个区域的活力。在靠近足球场处，结合建筑功能造型设置了室外看台，联通二层健身空间，将室内室外相渗透，打造开放型的健身中心。在西侧立面采用穿孔铝板达到遮阳环保的效果，由森林肌理产生的穿孔板变化，将健身中心与环境相融合。

景观湖侧半鸟瞰

入口大厅 1

培训室

室内环形跑道

入口大厅 2

入口大厅 3

盱眙龙虾博物馆

XUYI CRAYFISH MUSEUM

龙虾小镇会客厅效果图

项目地点：江苏淮安

项目类型：博物馆 / 旅游设施

建筑面积：10 127 m²

建筑高度：一层、二层 7.8 m，三层 7.6 m

建筑层数：地上 3 层

团队成员：李瑶、吴正、项辰、孙涛、张天琪，等

合作单位：华东都市建筑设计研究总院（施工图设计）

设计阶段：方案设计

设计时间：2017 年

建成时间：2021 年 7 月

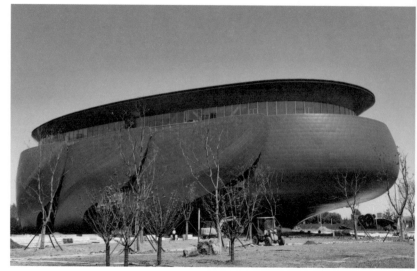

北侧视角

局部近景 1

局部近景 2

盱眙县以龙虾产业为支柱，形成了具有地域特色的生态养殖产业。通过对龙虾独特外形的提炼，以流线型曲面形成富有张力的建筑造型。

建筑涵盖了专项博物馆展览、旅游咨询中心和特别展陈三大功能，设置了三处独立的出入口供不同人群使用。参观展览馆的游客从南侧的主入口进入序厅，乘坐自动扶梯即可到达二层主展厅进行参观，同时展览馆设置有单独的无障碍客梯；旅游咨询中心从东侧入口进入；主题展览空间及展览配套会议人员从东北侧入口进入后即可乘坐电梯直达三层。

二层与三层都设置了露台空间，能够眺望或俯瞰湖面景观与小镇核心区。

由十片花瓣状的金属板将椭圆形建筑体包裹，单元金属板局部使用穿孔形式，与后侧的玻璃幕墙形成一体，既丰富了立面的虚实变化，亦起到采光作用。

屋面同样结合龙虾的拟形由高低两片金属壳板构成，并利用参数化的手法将三角形铝板均匀排布于屋顶。

立面整体色彩使用近似龙虾本体的红色，具有较强的视觉性与昭示性，成为点亮整座特色小镇的地标门户，给来访者留下深刻印象。

05
INTERIOR
DESIGN

室内设计

01/ 江苏省无锡市
OFFICE

运河湾·现代产业发展中心
YUNHE BAY · MODERN INDUSTRIAL DEVELOPMENT CENTER

项目地点：江苏无锡
项目类型：办公
建筑面积：123 826 m²
团队成员：李瑶、吴正、宋杰、张剑锋、王晖，等
合作单位：上海东方建筑设计研究院有限公司（机电设计）
设计时间：2018 年
建成时间：2020 年

软膜天花

软膜天花局部

　　运河湾·现代产业发展中心的建筑设计表达了一种干练素雅的品质感，在室内设计过程中，同样追求着一种秩序感和空间感的表达。

　　大厅为大厦的第一室内到达空间，设计以非常明确的线条和块面加以对应，主墙采用石材主墙面处理，将视觉延伸到顶面。在入口的两侧电梯厅方向加入了休息等候与绿植区域，为室内提供一个空气清新的环境。

　　墙面的软膜天花线条与墙面石材的分割对应，同时采用了人造石的拼缝技术将中部两根结构柱加以消除，根据塔楼电梯厅布置，电梯厅延续大堂的设计基调，简洁干净的几何拼接，体现了办公的高效及高格调的设计感。

　　标准办公区作为金融办公空间，具有作风严谨、理性有序的特征。室内办公区金属集合吊顶通过照明、空调一体化的灯盘，在 3.9 米的有限层高基础上创造出 2.7 米净高的良好办公空间。办公室地面采用 600 mm×600 mm 的硫酸钙架空地板，相较于普通钢制架空地板，更加节能、环保，更好地适配现代办公区高效、灵活的空间布局。

大堂

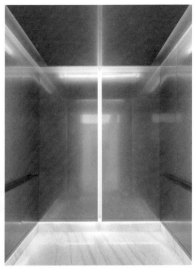
电梯

电梯厅和走廊

联谊大厦 27-28 层
27-28F UNION FRIENDSHIP TOWER

项目地点：**上海黄浦**
项目类型：**办公**
建筑面积：**2 000 m²**
设计团队：**李瑶、吴正、王晖、陈长志、陈平平，等**
合作团队：**上海中建建筑设计院有限公司（机电设计）**
设计时间：**2019 年**
竣工时间：**2020 年**

27 层平面布置图

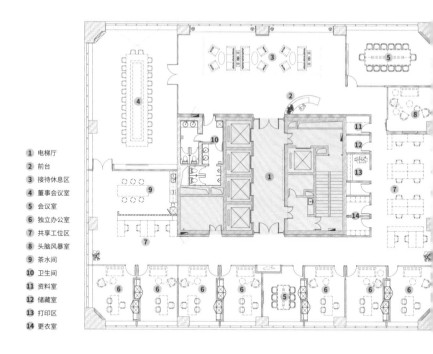

1 电梯厅
2 前台
3 接待休息区
4 董事会议室
5 会议室
6 独立办公室
7 共享工位区
8 头脑风暴室
9 茶水间
10 卫生间
11 资料室
12 储藏室
13 打印区
14 更衣室

28 层平面布置图

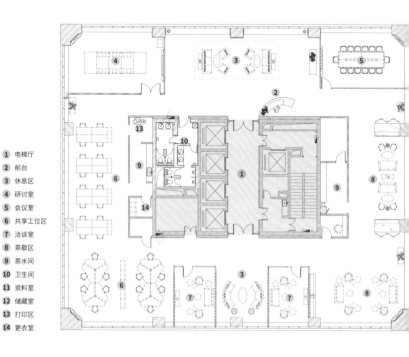

1 电梯厅
2 前台
3 休息区
4 研讨室
5 会议室
6 共享工位区
7 洽谈室
8 茶歇区
9 茶水间
10 卫生间
11 资料室
12 储藏室
13 打印区
14 更衣室

联谊大厦是改革开放后上海第一幢采用玻璃幕墙的现代化办公楼。作为 20 世纪 80 年代的办公大楼，当时对于层高的要求明显无法满足当下甲级办公楼的要求。作为锦江集团国际酒店业务的办公空间，高度俨然成为设计的难点。尽量压缩设备吊顶空间，采用开放的空间布局方式来形成相对宽敞的空间效果，成为设计去繁从简的整体思路。

项目位于大厦 27、28 层，在标准层面积相对紧凑的情况下，以开放式办公为主线，串联起国际总部的各个使用需求，使用空间尽可能面向浦江最佳岸线风光。面对江景的大厅空间成为平面核心，在两侧分设 27 层的大会议厅、28 层的研讨室及中型会议室，和其他的办公单元一样采用磨砂玻璃隔断。为了表达锦江集团企业的特质，选取大厅中间区块，采用了传统酒店的人字拼地面和深度吊顶，在传达明快的效果之外，更将地域和企业文化融入。

27 层前厅

电梯厅

会议室

开放讨论区

27 层共享办公空间

27 层前厅

28 层通道及开放空间

单元办公室内细部

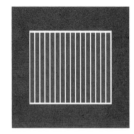

项目地点：**上海闵行**

项目类型：**餐饮**

建筑面积：**480m²**

团队成员：**李瑶、吴正、陈思捷、陈长志、陈平平、王晖，等**

设计时间：**2019 年**

建成时间：**2020 年**

一层平面图

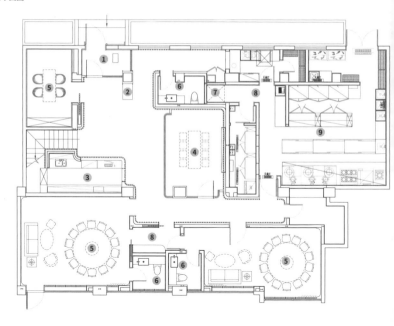

二层平面图

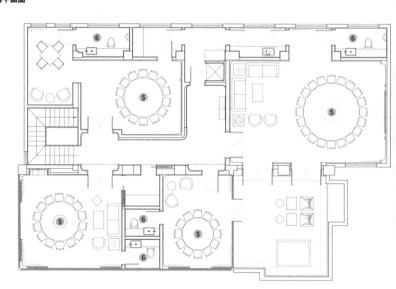

① 迎宾区
② 端景台
③ 前台 / 吧台
④ 茶吧
⑤ 包房
⑥ 卫生间
⑦ 餐梯
⑧ 备餐间
⑨ 厨房

　　室内设计是建筑思维的延伸空间，是建筑师视角的归纳与总结。友名荟位于老外街文创园区独立的旧厂房内。

　　从低调的入口推门而进，一块影壁似的磨砂玻璃墙适当隔断了入口处的直接视线，既强调了友名荟私密雅致的氛围，又是对"犹抱琵琶半遮面"这一东方审美的恰当表达。

　　摒弃繁杂的装饰，巧妙运用减法设计。舒适的茶室与简洁的酒吧区域是到访者对友名荟这处质感空间的第一印象。空间的整体美感从这里铺陈开来。从吧台处拾级而上，栅格墙面与房门之间用圆润的弧形角度连接，微妙的进深赋予连廊"曲径通幽"的基调，与入口处的"竹林"形成精神与气韵上的贯通。步入包房内部，白色大面积晕染开来，而木色则退居成为点缀。在雅致色彩的映衬下，窗内窗外互为风景。

入口

空间透视图

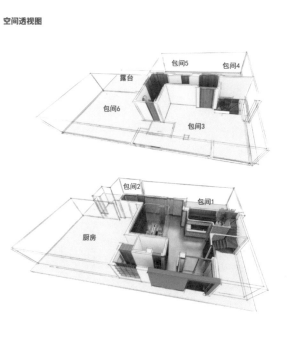

包间5　包间4

露台

包间6

包间3

包间2

包间1

厨房

一层茶室及楼梯

贯联空间的格栅背景墙

格栅墙引导的二层通廊

"竹"与"松"

包房 1

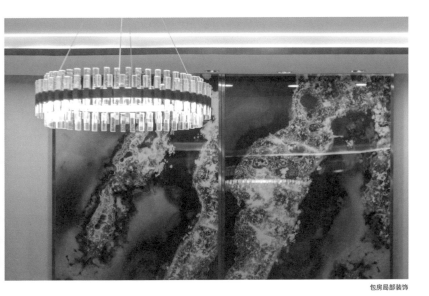

包房局部装饰

包房 2

MAKAN 迪拜融合餐厅
MAKAN DUBAI FUSION RESTAURANT

项目地点：上海徐汇

项目类型：餐饮

建筑面积：864 m²

设计团队：李瑶、吴正、陆吓东、唐旭文、项辰、娄奕琳，等

设计阶段：方案设计

设计时间：2015 年

建成时间：2016 年

① 迎宾区
② 吧台
③ 舞台
④ 就餐区
⑤ 包房区
⑥ 展示厨房
⑦ 卫生间
⑧ 厨房设备区
⑨ 后勤区

项目位于改建大楼的二层裙房部位，原有大楼办公功能的层高成为项目最大挑战，整个餐厅空间净高受控，对于餐饮室内而言，合理的净高是舒适空间的保障。同时，改建过程中原有建筑凹凸变换的落地外窗和蜿蜒的平面布局都成为项目的挑战点。

以八芒星作为整个餐厅的主要元素。利用对纹样材质的变换、比例的调整以及使用位置的不同组合，形成统一又充满细节的餐厅主导元素。

大厅是餐厅视觉的第一场所，大厅布局采用对称式的设计手法，以八芒星主题的白色 GRC 纹理和咖啡色镜面组合的背景墙面，营造出古典传统和典雅奢华的双重风格。两侧的入口大门将中东特色的门拱形式融会其中，木质的门扇带来了阿拉伯宝库的联想，使几何图形的金属扶手更凸显出质感，GRC 定制的纯白图案门框则演绎出纯洁和质感的对话。拱圈圣水池让这份纯洁在舒缓的灯光和水流中流淌。

整个餐厅通过公共大厅划分成两个区域，一边为开放式就餐区域，另一边为贵宾包房。设计将表演台座置于 L 形拐点，成为前区的视觉焦点，作为餐厅和晚间酒吧相融合的多功能场所。在白色花格的衬托下，原有的凸窗变换成半开放式的包房，在开放中构筑私密性。贵宾包房区以红色和金色的色彩组合作为主体色系。

纹样作为统一元素，体现在白色窗格、吊顶等位置，配以阿拉伯传统吊灯，形成了独特的就餐氛围。在背景元素中，镀金色花格内衬红色皮质硬包，配合 LED 灯带构成一道梦幻色彩。

入口门厅

餐厅外景

入口吧台

餐厅入口接待处

中央圆座区

入口拱圈圣水池

大包房

細部装饰

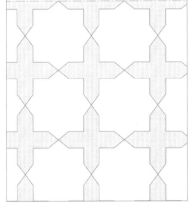

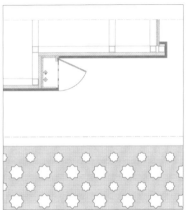

FACECLIP 回形眼镜店
FACECLIP OPTICAL STORE

项目地点：上海徐汇

项目类型：商业

建筑面积：45 m²

设计团队：李瑶、傅俐俊、王晖，等

设计时间：2017 年

竣工时间：2018 年

平面图

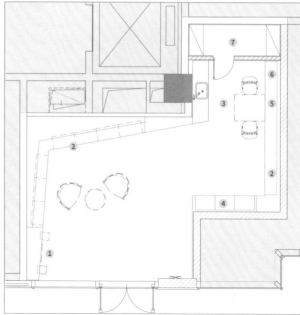

① LOGO 墙
② 展示柜
③ 验光区
④ 休息位
⑤ 工作台
⑥ 收银柜
⑦ 储物间

从产品的角度，基于功能的设计可以提供好用的设计，FACECLIP 希望带来这样的设计产品。基于场景的设计将提供适用的设计，在室内设计塑造中，希望产生实用性和舒适性兼顾且得体的空间组合。

45 平方米的商业店面，和临铺分隔形成两个 L 形平面衔接型布局。对于如此狭小的店面，设计试图打破空间一体化的常规思路，寻求基于现有平面的空间塑造。根据基础使用需求对空间进行了划分，将现有的前区空间定位为主体展陈空间，布置成人和儿童的镜架陈列；另一个内部空间就形成了验光和休息场所。

白色的主体空间成为第一印象，而温暖的木色渲染了内部的空间。在白色空间中，发光 LOGO 和水晶拖板形成第一序列，展示了最新款镜架或者用于单一品牌的集中呈现；水平展台提供了大量的陈列空间，白色的漆面和暗藏的 LED 将视觉在水平向延展。顶面不锈钢板反射着悠悠的灯光效果，增加了空间在天花的渗透，和地面混凝土色调加以呼应，反衬出中部白色的视觉中心。

店铺视角

FACECLIP

入口等待区

商场位置及入口

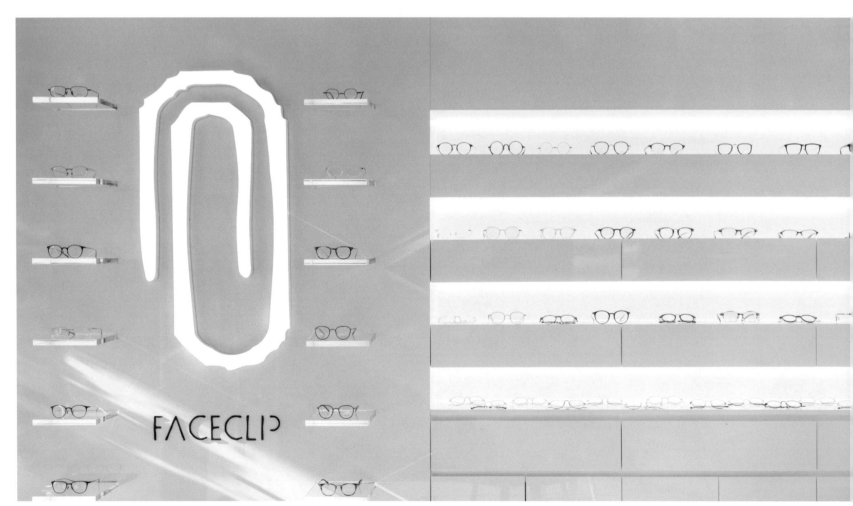

产品展示区

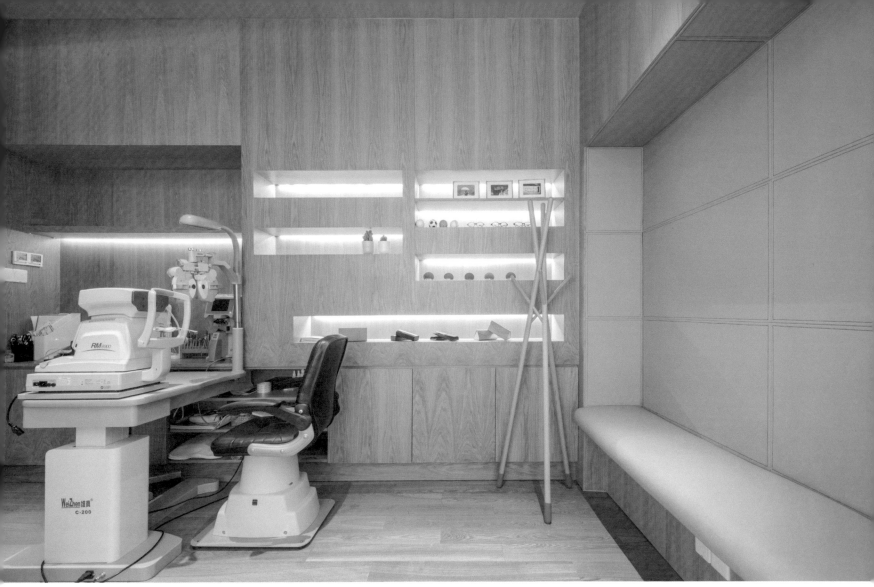

验光区

眼镜展示柜

等待区

06/ 上海市徐汇区
CULTURE

上海熠馨音乐艺术中心·石龙路校区
SHANGHAI YIXIN MUSIC AND ART CENTER(SHILONG ROAD)

studio 02

项目地点： 上海徐汇

项目类型： 教育培训

建筑面积： 1 200 m²

团队成员： 李瑶、傅俐俊、王晖，等

合作单位： 上海中建建筑设计院有限公司（机电设计）

设计时间： 2016 年

建成时间： 2017 年

二层平面图

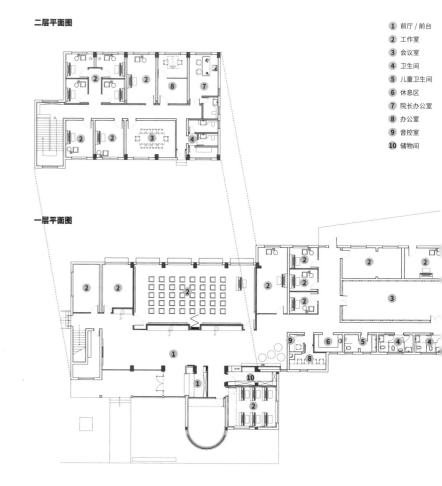

① 前厅／前台
② 工作室
③ 会议室
④ 卫生间
⑤ 儿童卫生间
⑥ 休息区
⑦ 院长办公室
⑧ 办公室
⑨ 音控室
⑩ 储物间

一层平面图

项目位于靠近石龙路地铁站的一个改建园区内的独栋小楼。结构体系交接复杂，大小参差；工厂的大棚空间没有保温设施，冬冷夏热；加上紧迫的工期和受限的投资。

整个音乐中心需要创建两个大型教室空间，并布置尽可能多的小型音乐教室。设计对现有的结构和布局体系进行了梳理，原有框架结构的区域成为入口大厅和大空间教室，将原有的棚架式车间改建为另一个大空间教室——排演厅。

重塑后的空间，入口处两处实墙得以打开，形成了一个通长的公共门厅，也构筑了整个建筑中心空间和视觉中心。前台成为第一到达空间，大厅为交通、等待、学生交流和小型展演提供了开放空间，并串接了首层的其他功能用房。多功能教室、小型琴房、排演厅及电鼓电钢琴教室依次衔接。开放的公共楼梯连接了二层空间，二层主要为单元琴房、会议空间和管理空间。空间一路延伸，一个全新的露台空间将音乐从室内延伸到户外。

室内用材从环保和经济性角度出发，保留了原来大厅的石材地面，成为室内空间的记忆点，其他区域则是结合建筑空间重构了室内的整体感。

开放空间

studio 02

入口及大厅

红色休息椅

布局透视图

楼梯

多功能教室

木质和光影

休息区及走道

单元钢琴房 1

单元钢琴房 2

上海熠馨音乐艺术中心·张江校区
SHANGHAI YIXIN MUSIC AND ART CENTER(ZHANGJIANG GREENLAND PLAZA)

项目地点：上海浦东
项目类型：教育培训
建筑面积：509m²
团队成员：李瑶、傅俐俊、王晖，等
合作单位：上海中建建筑设计院有限公司（机电设计）
设计时间：2019 年
建成时间：2019 年

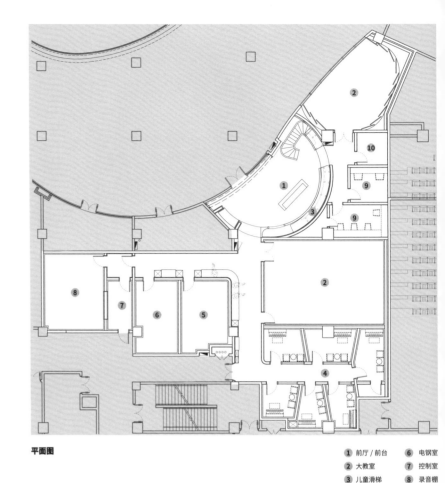

平面图

① 前厅 / 前台	⑥ 电钢室
② 大教室	⑦ 控制室
③ 儿童滑梯	⑧ 录音棚
④ 钢琴教室区	⑨ 办公室
⑤ 电鼓室	⑩ 洽谈室

一种玩具

滑滑梯、秋千、蹦床这类简单而永恒的内容，往往是每个人对童年生活的深刻印象。滑滑梯是每个学龄前儿童永远乐此不疲的玩具。

两种氛围

白色是空间的基本色调，表现了音乐的纯洁性。引入的彩色成为色调的精灵。入口空间以红色加以醒目提示；温暖的木色贯穿在几个特色教室中；安静的氛围以粉绿点亮。

三个空间

进入音乐中心，第一个空间是圆形到达门厅，以开敞的视觉特征展现。圆形是由滑梯围合而成的，在商场的有限空间高度中找到了一个可以容纳儿童身高的局部夹层空间。一个光亮引导的旋转楼梯上嵌接着一个长长的滑梯，儿童的天性一下子得以释放，音乐的愉悦性与空间的快乐直接呼应。

第二个空间是长长的过道。粉绿的书架让儿童进入教室前的心情得以平静，也可以成为课间或坐或躺的休息空间。一系列的圆形观察窗满足了儿童探寻事物的好奇心。

第三个空间是白色排演厅带来纯纯的音乐体验。

滑滑梯、小小观察窗、粉绿书架廊，音乐在建筑空间中回响。

休息区

滑梯视角

教室外观

观察窗 1

展示教室

前台和滑滑梯

旋转楼梯

公共书廊

白色排演厅

观察窗 2

项目地点：上海徐汇
项目类型：教育培训
建筑面积：647 m²
团队成员：李瑶、陈思捷、王晖、陈长志，等
设计时间：2019 年
建成时间：2020 年

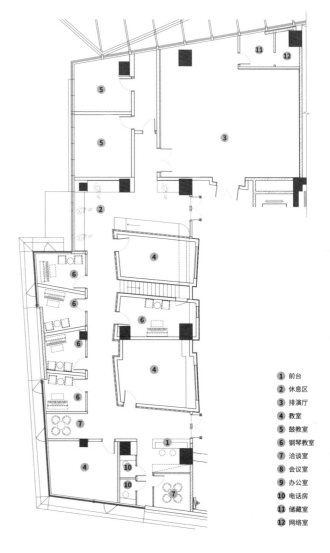

1　前台
2　休息区
3　排演厅
4　教室
5　鼓教室
6　钢琴教室
7　洽谈室
8　会议室
9　办公室
10　电话房
11　储藏室
12　网络室

空间构成

设计希望整个项目在色彩的引领下，通过空间的趣味性提升教育的乐趣。一个长长的滑梯，让儿童的天性得以释放；两种色调对比，体现音乐纯洁性的白色主基调，以及多彩的大红、粉绿、金色配色，表达了音乐的多样性；三种空间的对话，开放式窗口空间、长廊空间，以及教室、排演厅等主体空间，将音乐的愉悦性与空间的快乐相互对应。

一种玩具

滑滑梯、秋千、蹦床这类简单而永恒的内容，往往是每个人对童年生活的深刻印象。在张江音乐中心取得儿童极好反馈的基础上，结合不同的平面特点，一款穿越教室的踏步滑道成为徐汇音乐中心大型的课间玩具。

两种氛围

音乐中心延续白色作为空间基本色调，表现了音乐的纯洁性。引入的其他色系成为色调的精灵，结合布局选择了三个色彩盒子：粉红色表达了女孩的喜悦，粉绿色代表着男孩的成长活力，金黄色展现了热情。

三个空间

音乐中心第一视觉印象就是三个跳动的色彩盒子，也是解决狭长空间组织的最便捷手段。当进入音乐中心，第一个空间就是以一条连廊贯穿的教室空间；第二个空间，根据声学需求的空间划分，将电鼓等打击乐集中在空间一个端部，使声学干扰问题得以物理解决；第三个空间，是整个空间内最开敞的多功能厅，一个符合排演和临时演出的空间，简约线条的吊顶延伸至墙面，主背景舞台采用镜面扩大了空间的感受。

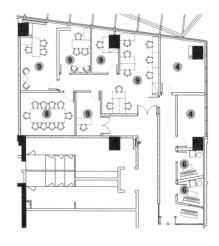

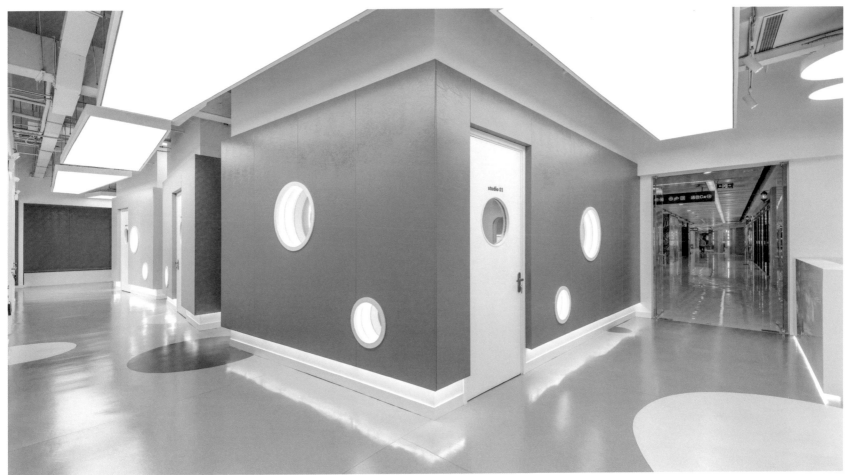

入口大厅

前台

走廊空间

多功能排演厅

白色滑梯

多彩长廊

架子鼓教室

圆形窗口

能达月城市展厅
NETDA MOON CITY EXHIBITION HALL

项目地点：江苏南通
项目类型：商业展示空间
建筑面积：775 m²
设计团队：李瑶、吴正、王晖、焦富全、张剑峰，等
合作单位：上海都市建筑设计有限公司（机电设计）
设计时间：2018 年
竣工时间：2020 年

平面图

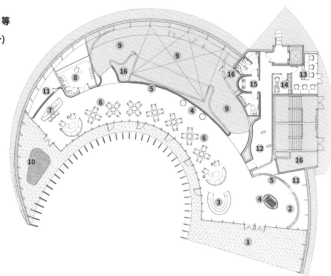

作为核心区开放绿地的实体空间，室内延续建筑云、月的主题意境，概念以舒适、曲线、白色、纯净、简约等来体现，纯净空间与通透玻璃幕墙模糊了室内外空间，把室外环境融入其中。

空间层高较高，白色铝管主立面加以轻灵的灯光表现如人在空云之间，风轻云淡。动线以曲线为主，提升了空间的趣味性。主体空间分成内外两区，外区家具软装轻盈淡雅，和室内空间一起述说着这里关于云的故事。内区计划搭载沉浸式数码互动体验区，展现开放区的创新形象。

1	主入口	9	多媒体影视厅
2	企业形象 LOGO	10	儿童活动区
3	前台接待	11	收藏间
4	模型沙盘	12	艺术区
5	LED 显示屏	13	办公室
6	销售区	14	财务室
7	吧台	15	卫生间
8	贵宾接待室	16	设备间

建筑外景

大厅 1

白色大厅的光影

黄昏灯光下的大厅

大厅服务区

走廊光影

卫生间一角

萧山文创园

XIAOSHAN CULTURAL AND CREATIVE PARK

项目地点：浙江杭州萧山
项目类型：艺术园区
建筑面积：547m²
团队成员：李瑶、吴正、王臣、傅俐俊，等
设计时间：2018 年
建成时间：2019 年

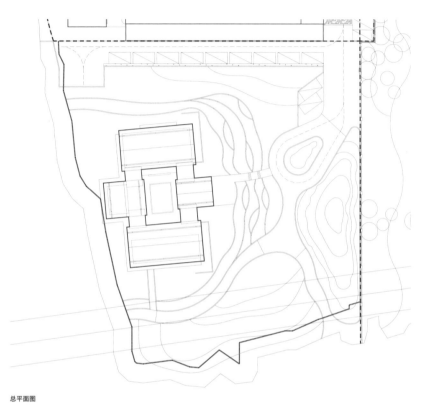

总平面图

　　文创园作为中国美院雕塑中心的创作基地，接待中心位于园区的南侧地块，东临风情大道、北临大明路，西侧及南侧为河流的环境。

　　建筑设计表达了一种江南水筑的意境。相对于独立的空间位置，通过坡顶的自由变换，结合用地形成了一个合院的空间，也表达了和周边环境的良好融入。

　　建筑一层东侧为主出入口；建筑西侧为聚友厅，提供了书画品茗所在；建筑北侧为小型接待空间；南侧为小型会议室。合院的空间东侧结合室外水庭形成主入口，半开放的入口门厅通过圆形拱门形成了与景观的对话，开放的走廊将其他接待展示空间衔接起来。

　　建筑主要立面材料以玻璃幕墙、砖墙及金属屋面为主，在保证满足现代化舒适的展销要求的同时秉承自然绿色和谐的理念，将建筑与景观环境有机地融为一体，塑造项目的灵魂。

景观叠水

入口院门

庭院

接待厅

茶室

未建造

中央创新区环紫琅湖科创中心

ZILANG LAKESIDE SCIENCE AND CREATION CENTER, NTCID

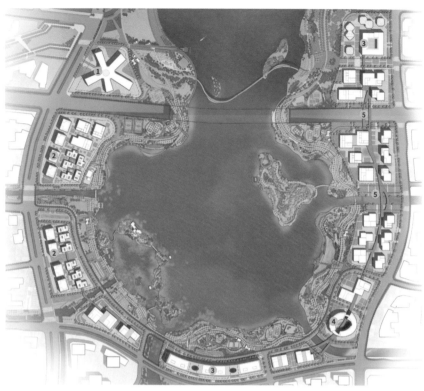

1 科创之星
2 新濠商街
3 智慧之窗
4 天空之城
5 活力平台

总平面图

项目地点：江苏南通

项目类型：科创办公

建筑面积：832 650.5 m²

建筑高度：43.8 m

建筑层数：10 层

团队成员：李瑶、吴正、项辰、刘旸、朱佳莉、杨帆、张巍，等

设计阶段：方案竞赛

设计时间：2019 年

　　本次项目区域位于中创区南侧科创创新核。科创中心位于紫琅湖湖岸沿线，从规划层面预留了最佳的景观价值。中创区提供了完整的科创生态链，从孵化到全球 500 强企业；作为核中之核的科创中心，将吸纳全国及区域总部、区域研发中心、独角兽创新企业以及配套服务等构筑全新的科创平台。在互联网、物联网等全新技术手段的强大冲击下，传统的模式纷纷被颠覆或创新，作为科创行业核心企业也同样需要全新思维的工作方式。空间灵活，功能弹性，原有的高楼模式依赖于垂直交通的组织，水平化的布局更能适应研发空间，尤其是对于大型实验设备更加提供了有效保障。

　　建筑立面在丰富的空间组合下，立面形体追究简约高效的方式，陶板、铝板和玻璃等现代材质加以有效组合，竖向构件用现代的方式对应于传统窗格线条的神韵。公共空间采用局部独立体量的大面积色块；同时在关键衔接点也采用彩色幕墙系统，加强园区的可识别性和分区原则。希望通过塑造空间表达的共享化平台，倡导绿色和可持续性，提供和未来连接的空间思维，探索出全新而高效的园区新模式。

科创之门鸟瞰效果图

新潮商街透视效果图

天空之城鸟瞰效果图

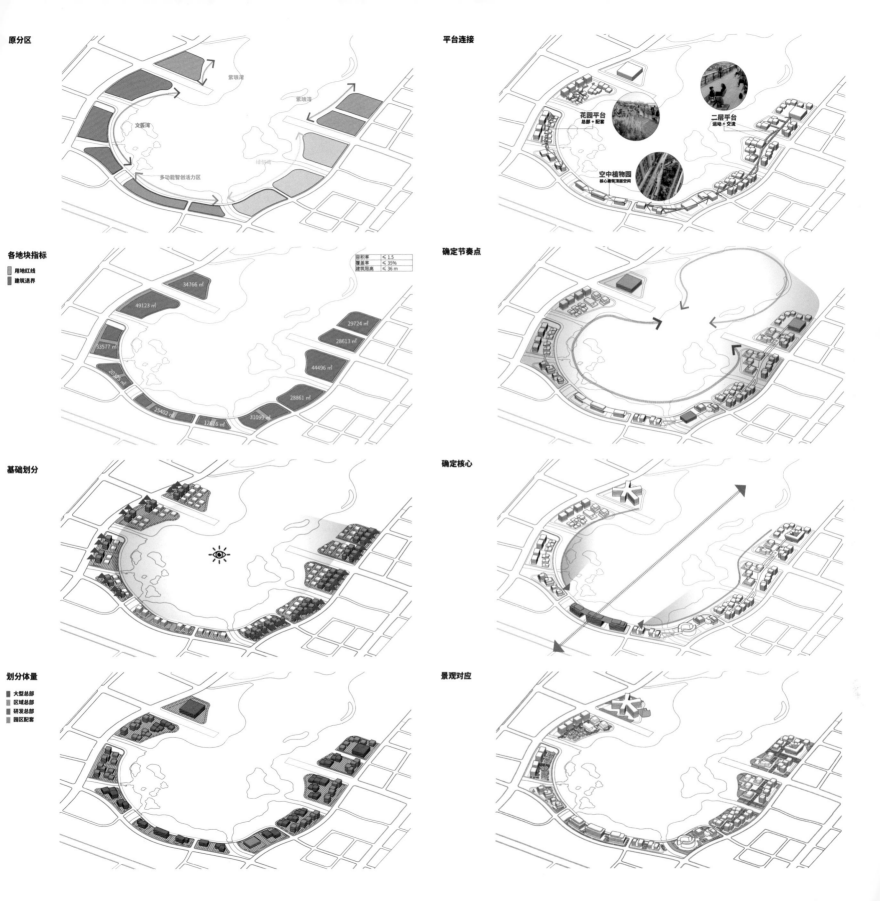

原分区

紫瑜湾
紫瑜湾
文鑫湾
多功能智创活力区

各地块指标

用地红线
建筑退界

容积率 ≤ 1.5
覆盖率 ≤ 35%
建筑限高 ≤ 36 m

34766 ㎡
49123 ㎡
33577 ㎡
29724 ㎡
28613 ㎡
44496 ㎡
25402 ㎡
12676 ㎡
31099 ㎡
28861 ㎡

基础划分

划分体量

大型总部
区域总部
研发总部
园区配套

平台连接

花园平台
总部+配套
二层平台
运动+交流
空中植物园
核心建筑顶层空间

确定节奏点

确定核心

景观对应

02/ 江苏省南通市
COMMUNITY SERVICE/COMMERCE/OFFICE/HOTEL

中创邻里中心
NEIGHBORHOOD CENTER OF NTCID

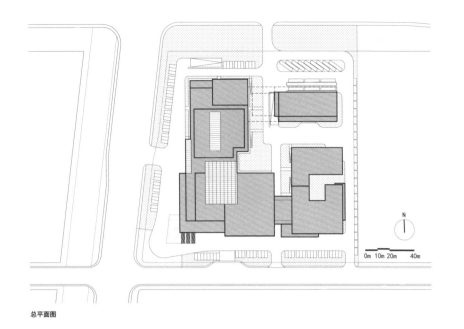

总平面图

建筑形体分析图

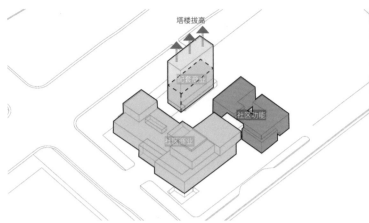

塔楼拔高

配套商业

社区功能

社区商业

将三大主要功能分块放置，使地块内的多元化布局相对平衡。为了形成更加亲和友好的城市空间，配套商业不适合平铺占用过多用地，因此将这部分形体拔高形成塔楼，成为地块的制高点，也有利于整体形态的平衡。

建筑功能分析图

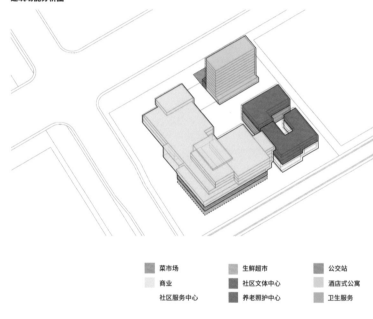

菜市场　　　　　生鲜超市　　　　　公交站
商业　　　　　　社区文体中心　　　酒店式公寓
社区服务中心　　养老照护中心　　　卫生服务

项目地点： 江苏南通
项目类型： 社区服务
建筑面积： 66 280m²
建筑高度： 塔楼 46 m、商业及社区配套 23.5 m
建筑层数： 塔楼 11 层、商业及社区配套 5 层
团队成员： 李瑶、吴正、高海瑾、刘旸、赵君仪，等
设计阶段： 方案设计
设计时间： 2019 年

南通中创邻里中心位于南通市中央创新区北部，北临洪江东路，西临胜利路。中创邻里中心周边为大型居住社区，以高素质、高消费力的中青年家庭及个人为主要目标客群，打造健康、便利、注重品质的知识型商业社区新风尚。

功能模块化成为中创邻里中心设计的基本手法，将所需的建筑体量分为三大块——西侧工字形的平铺式体块对应商业和菜市场，最大的商业街面利于吸引人流；社区服务、养老照护、卫生服务站、文体中心等配套功能放置于地块东侧，便于服务周边社区；酒店式公寓以塔楼的形式放置于地块东北角。公交站位于地块北侧，出入城市主干道最为便利，对地块内流线的影响最低。整个基地中，三大功能块的流线与场地彼此独立，有效区分各项功能的行车路线。

在功能块面划分清晰的基础上，建筑造型采用简洁的方盒装空间进行堆叠排布，并通过各功能间的交通流线和连接体块增强空间的灵动性与可达性。立面采用简洁、现代、高效的手法进行表现，大片的实体面配以面向城市道路的巨型玻璃窗口及插入商业空间中的玻璃中庭，有效增加了室内采光和丰富了空间的使用。

西北角效果图

西南侧主入口效果图

03

叠石桥国际家纺城四期

DIESHIQIAO INTERNATIONAL HOME TEXTILES CITY PHASE IV , HAIMEN

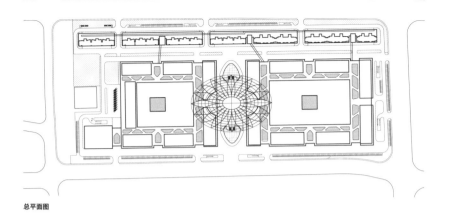

总平面图

项目地点: 江苏南通

项目类型: 商业 / 住宅 / 酒店 / 办公

建筑面积: 362 246 m²

建筑高度: 100 m

建筑层数: 住宅 32 层、办公 10 层、商业 4 层

团队成员: 李瑶、吴正、孙涛、项辰

设计阶段: 方案概念设计

设计时间: 2018 年

基地位于海门市叠石桥家纺城区域。南临东洲河路大岛路，北侧靠香港路现代大道，东侧地块为预留办公用地且靠震蒙大道，西临绣女路。基地周边以轻纺类市场为主。

本项目作为家纺城三期功能业态的有力补充，力图对南通叠石桥家纺特色小镇形成功能补充和核心塑造。

设计立意

以"构建具有国际领先水准的家纺平台"为目标和主题，充分挖掘家纺产业导向的核心竞争力，从传统的单一家纺业态转变为多元业态布局，通过打造开放式活力空间吸引不同类型的人流，同时引入复合功能业态，形成 "3+" 综合活力"城"区概念。

结合功能策划定位，商业区分成东西两侧：西侧强调家纺新业态的构筑；东侧则作为标准家纺格局的街区塑造；中部则形成核心式的中心广场，使 MALL 和街区、室内和室外得以交融。

建筑造型设计

商业区立面以充满韵律感的折面形式为主要表达手法，辅以各种色彩的穿孔铝板来区分不同区域，以削弱建筑体量的敦实感，营造出明快时尚的商业氛围，强调商业的内外交互。中心广场设计单拱形折面顶盖，以铝板和玻璃折面交错形成良好的光影效果和宜人空间。

南侧鸟瞰效果图

中心广场中庭效果图

柬埔寨财政大厦
CAMBODIAN FINANCE TOWER

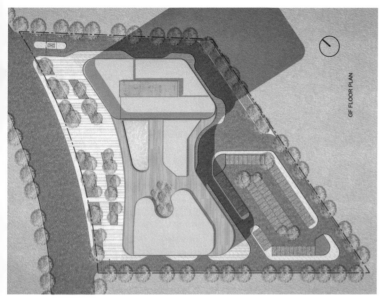

总平面图

项目地点：柬埔寨金边

项目类型：办公

建筑面积：114 280 m²

建筑高度：150.8 m

建筑层数：33 层

团队成员：李瑶、吴正、项辰、刘旸、杨帆

设计阶段：方案设计

设计时间：2018 年

　　柬埔寨财政部大厦将站立于金边南部开发区——未来之城，并面向老城区成为新的城市地标，展现金边的现代化发展风貌。

　　税务总局大楼应用国际化办公标准，为有不同办公需求的使用者诸如税务局、银行、创意工作室及金融公司提供独特、可持续的甲级办公环境。

　　柬埔寨是农业大国，故税务总局的图标上印有麦穗图案，象征着国家财富。设计从中汲取灵感，将麦穗与财富的意向与建筑造型相结合，打造金边新地标。绿色建筑设计理念是当今建筑发展的风向标。建筑应当充分考虑与环境的友好融合，引入绿化平台、遮阳系统、自然通风等理念。

鸟瞰效果图

张江国际创新中心
ZHANGJIANG INTERNATIONAL INNOVATION CENTER

效果图

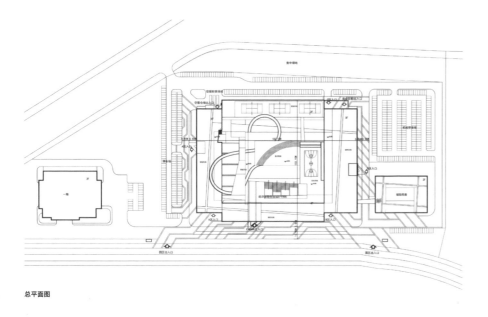

总平面图

项目地点：**上海浦东**

项目类型：**产业园区**

建筑面积：**110 000 m²**

建筑高度：**24 m**

建筑层数：**6 层**

团队成员：**李瑶、吴正、项辰、龚嘉炜、张天祺，等**

设计阶段：**方案竞赛**

设计时间：**2015 年**

　　项目交通通达性较高，北邻城市主干道龙东大道，衔接内、外环线，能快速通达城市其他板块，中环线申江路段将进一步提升本案对外交通通达性；2 号线地铁站距离本案约850 米；发达的交通体系能为本案物业实现增值效应。

　　为了控制造价，同时考虑到主体建筑面貌尚属良好，从节能、减排、经济的原则出发，设计保留了大部分原有的铝板和玻璃窗。除了加强主入口的处理、局部设置广告板外，东侧、北侧基本保留原有立面，南侧、西侧考虑到内部功能的采光需要，拆除了部分铝板，扩大窗户的面积。从原来封闭的内部空间中构筑出一条采光通道，并以一条运动干线穿越。将空间由方正呆板的格局，演绎成活力渗透的总部园区。

中庭效果图

融创上海集团超级售示样创新设计竞赛

SUNAC SHANGHAI SUPER SALES INNOVATIVE DESIGN COMPETITION

整体鸟瞰效果图

项目地点：上海

项目类型：售楼处

建筑面积：1 298.67m²

项目高度：20 m

项目层数：3 层

团队成员：李瑶、吴正、项辰、宋杰、黄诗怡、张扬、新田悠介，等

设计阶段：方案竞赛

设计时间：2021 年

　　设计以渗透式的景观设计方式，采用绿植作为建筑表皮肌理，将建筑与自然消融边界。在本项目中以全新的视角，选择了立体的功能组合替代平面的串接方式。通过首层架空的方式，抬高建筑视点；采用中筒悬挑结构，形成富有仪式感的坡道提供独特的到达体验；各个功能区随着空间的螺旋上升逐级铺开，空间连续流畅。绿植采用具有地域化的植物种类，选取各地区具有代表性的树木，提取不同的树形曲线。将外表曲线以模块化的标准模式加以呈现，叠合上升形成最终立面；既保证下层植物采光空间和室内遮阳需求，又形成独特的景观渗透。

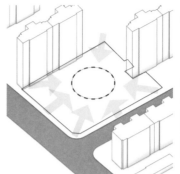

建筑位于基地中部，兼顾各个方向的视线。

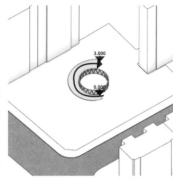

首层架空，抬高建筑视点；采用中筒悬挑结构，避免落柱，形成富有仪式感的坡道，提供独特的到达体验。

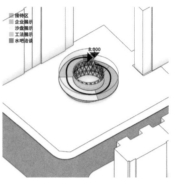

各个功能区随着空间的螺旋上升逐级铺开，空间连续流畅。

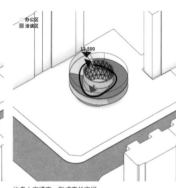

沙盘上空通高，形成高耸空间。

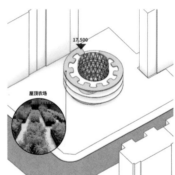

屋顶结合特色农场打造室外洽谈区。

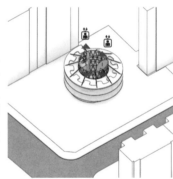

设置楼梯与电梯辅助垂直交通。

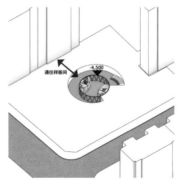

在下沉庭院中设置参观样板间通道。

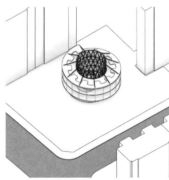

结构形式以中筒悬吊形式，主要受力构件位于中部及屋顶，室内连杆主要是承受拉力的吊柱，尺寸较小，保证了室内使用空间的开敞通透。

黄昏透视图

华东理工大学徐汇校区大学生文化中心
ECUST XUHUI CAMPUS STUDENTS CULTURAL CENTER

多功能大礼堂入口夜景透视图

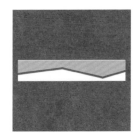

项目地点：**上海徐汇**

项目类型：**高等院校文化设施**

建筑面积：**13 521 m²**

建筑高度：**24 米**

团队成员：**李瑶、吴正、高海瑾、刘畅、宋杰、张君闻，等**

设计阶段：**方案竞赛**

设计时间：**2021 年**

项目地块处于教学区、生活区、体育场的交汇处。为了在狭小的有限空间中塑造全新的演艺空间，设计以文艺舞台的搭建、在不同标高设置绿化平台、屋顶设置露天剧场等方式，在有限的空间中创造更多的区位空间。

主要功能为 1 200 座大礼堂及其附属设施。

东侧为观演主入口。大礼堂区域为二层。开敞式的主入口大厅提供了开阔的视觉通道。楼座设有 377 个坐席。

大礼堂兼具歌舞演出、报告集会、开学及毕业典礼、电影放映等功能。考虑到经济性，舞台台口高度为 7 米，舞台下方不设置机械设备。主舞台两侧为侧台兼作候场区。

后场区共有三层。首层为化妆间、库房等演出相关功能。二层为排练室、琴房。三层为多功能文化活动室。大礼堂屋顶设置有一处屋顶露天剧场，可通过楼梯由室外直接到达。大礼堂南北两侧设有半室外楼梯，可上至 6 米露台、屋顶，及通往西侧大学生事务中心。

建筑形式围绕功能塑造。舞台、观众厅的体量组成了建筑的主体。建筑随着功能体量的跌落形成高低错落的平台。立面引入坡屋顶的元素，结合半室外楼梯将建筑分成上下两个体块。

多功能大礼堂入口视角效果图

屋顶视角效果图

西南角视角效果图

08/ 上海市长宁区
COMMERCE/OFFICE/CULTURE
长宁区红坊街区概念
CONCEPT OF HONGFANG BLOCK IN CHANGNING DISTRICT

总平面图

项目地点：上海长宁

项目类型：办公 / 商业 / 文化

建筑面积：196 900 m²

建筑高度：86.1 m

建筑层数：20 层

团队成员：李瑶、吴正、项辰、邓浩然，等

设计阶段：方案竞赛

设计时间：2015 年

项目地处新华路历史风貌保护区，基地南有徐家汇商业中心、西靠虹桥 CBD 商务区、北有中山公园商业区。

淮海路的历史风貌由西藏路至华山路渐变稀疏，其特色风貌被居住社区和办公高楼所冲击。希望在项目中强化和延续淮海路的血统，从建筑尺度和建筑肌理上延续淮海路的特色，将本项目打造成为淮海路区域文化的复兴起点。

经济上的可持续，文化上的可持续，以及自然环境上的可持续；艺术、历史、自然在设计中得以保留并放大，三者之间的融汇形成了设计的主体概念——艺术山丘，它将成为整个场地和商业的主体平台。

室内外艺术展相结合的方式既保证了局部空间的艺术纯粹性，又让艺术品与城市产生了更强烈的对话。贯穿室内外的艺术空间进一步激活了项目，同时创造了更有生命力的可持续的业态结构。将艺术展与购物商店的流线融合在一起，不仅激活了商铺的价值，同时也丰富了商业体验。红砖的元素、里弄空间的提炼，都为整体布局和塑造带来上海的气质所在。

南侧街区入口视角效果图

北侧入口视角效果图

整体鸟瞰效果图

洪南山宅项目

HONGNAN SHANZHAI, JING'AN DISTRICT, SHANGHAI

整体鸟瞰效果图

项目地点：**上海静安**

项目类型：**住宅**

建筑面积：**128 695.23 m²**

建筑层数：**31 层**

团队成员：**李瑶、吴正、孙涛、刘旸、李敏承，等**

设计阶段：**方案设计**

设计时间：**2021 年**

　　项目作为城市更新项目，地处内环内静安区核心位置，周边配套完善；由于基地用地条件不规则，周边住宅区较为杂乱，日照情况极其复杂；周边缺少良好的城市界面；西侧紧邻高架桥，项目周边环境为住宅品质塑造带来了一定影响。

　　在此基础上，项目以"城市更新名片——复兴市中心区域的城市活力和空间体验"为主要契合点，打造"公园里"理念——与中兴绿地、芷江绿地形成完整景观链，引入"关节"概念——充分利用地块不规则形状，形成东西两苑，打造新静安的活力生活节点。

　　基于日照分析推敲出基本形体和建筑高度，为了提高建筑面积有效性，将东区三栋调整为 L 形布局方式，扩大东侧陆家嘴方向景观及内部景观视野。进一步优化东区 L 形建筑形体，柔化成曲面，消隐立面尖锐感，提升整体立面效果并尽量保证东侧和南侧的采光景观面。

东南侧效果图

三林地块 5-11/5-14 项目
SANLIN PLOT 5-11 / 5-14, SHANGHAI

整体鸟瞰效果图

项目地点：**上海浦东**

项目类型：**住宅**

建筑面积：**88 514 m²、87 365 m²**

建筑层数：**24 层**

团队成员：**李瑶、吴正、孙涛、刘旸、李敏承**

设计阶段：**方案概念设计**

设计时间：**2021 年**

项目以体现区域城市门户形象，打造高效复合的 TOD 综合开发，塑造新海派社区风貌及空间形式，营造丰富多样的活力街道社区为愿景。通过适度围合、连续界面、海派建筑风貌，以及活力街区，打造新海派城市面貌。撷取传统海派住宅空间的神韵，摒弃狭窄的空间，创新加入花园式空间尺度。

根据规划条件，地块分为两轴对称的四个组团。建筑布局基本对称。各组团高层住宅布置在东西两侧中心轴位置，满足远眺黄浦江的最佳景观视野。小高层呈网格状排布，导入上海里弄的空间内涵；沿街设置转角住宅，提升整体围合感；住宅间通过骑廊相互围合，满足贴线率要求；引入"一轴·两仪·四象"的概念，打造不同情调的宅间景观主题。

立面采用了海派建筑的现代主义表达手法。以海派的红砖色调、经典的三段式比例形成了经典的立面比例，构筑了新海派的表达方式。

沿街效果图

晚秋闲房
白居易

地僻门深川之迎
撝永涧生誉画情
秋庭石播攜巧藤
杜閎题楼桐黄菜

行

安吉白茶小镇
ANJI WHITE TEA TOWN

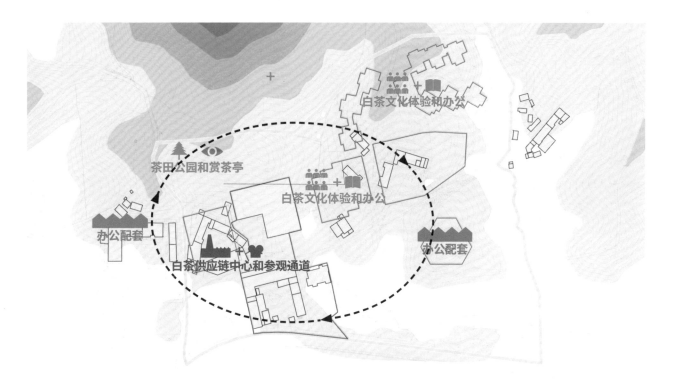

白茶文化体验和办公

茶田公园和赏茶亭

白茶文化体验和办公

办公配套

办公配套

白茶供应链中心和参观通道

小镇总体布局图

项目地点：浙江湖州安吉

项目类型：休闲旅游

建筑面积：37 600m²

团队成员：李瑶、吴正、邓浩然、傅俐俊、崔星彦

设计阶段：方案设计

设计时间：2016 年

    项目选址位于安吉县孝源街道原峰禾制茶厂区，处于安吉县白茶示范基地内。东、西、北侧面向茶山，自然景观资源丰富。基地内有若干水塘。从整体坡向分析，良好的朝向为茶叶生产创造了良好的生长环境。

    以安吉白茶产业平台、白茶参观旅游、白茶文化展示、创新中心及研发中心为项目整体的开发策略。由旅游产业带动产生的精品驿站，则是白茶小镇解决游客生活和体验的基本保障。

    项目目标是打造一个全方位立体展示体验白茶文化精髓的好去处。项目重新规划了原有内部道路，丰富了功能结构，并创造不同区域的多种互动性连接，打造产、销、展、游、赏多维一体化的白茶文化主题旅游小镇。建筑造型以坡屋顶为主，利用地势跌落形成重檐叠瓦的形体组合变化。

白茶博物馆效果图

制茶工坊效果图

总部办公效果图

花溪谷
FLOWER VALLEY, ANJI

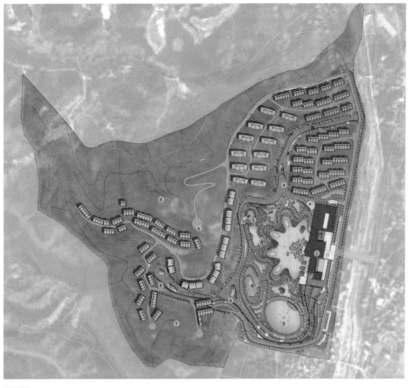

总平面图

项目地点：浙江湖州安吉

项目类型：旅游综合体

建筑面积：73 478m²

建筑高度：30 m

建筑层数：地上 5 层、地下 1 层

团队成员：李瑶、吴正、高海瑾、项辰、祖利谣、朱佳丽、傅俐俊、

赵君仪

设计阶段：方案设计

设计时间：2018—2019 年

安吉龙王山南侧场地生态保护较好，包围在青山绿水中，景观资源佳。

建筑设计尊重基地条件，以地形地势进行大致分区：邻近项目区域入口处适宜布置精品酒店；中部区域地势平坦，拥有丰富的水资源，适合布置景观、休闲等功能；北侧邻近公路地块地势平坦，同时依托水系景观，适合作为生活居住区；西侧山地环境幽静，风景秀丽，适合布置居住、度假等功能；西北侧山势较陡，生态系统良好，作为生态森林提供休闲度假的自然景观。根据基地地形散落布置特色景点，成为区域核心。通过路网组织，将各节点连接，形成园区主要交通方式。

功能区分为精品酒店、雕塑公园、体验农场、景观花溪、缤纷花海、山顶温泉、茶田采摘、白鹭风情、森林氧吧九大功能区。酒店建筑立面从山形折线中提取元素，形成立体交错的坡屋顶。

酒店东侧透视日景效果图

酒店东侧透视夜景效果图

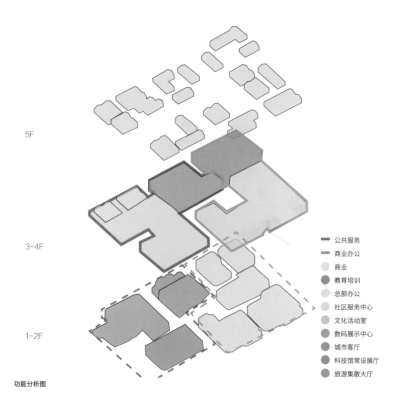

5F

3~4F

1~2F

功能分析图

■ 公共服务
■ 商业办公
○ 商业
● 教育培训
○ 总部办公
○ 社区服务中心
○ 文化活动室
● 数码展示中心
● 城市客厅
● 科技馆常设展厅
● 旅游集散大厅

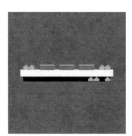

项目地点： 浙江湖州安吉

项目类型： 商业休闲 / 社区服务

建筑面积： 66 406m²

建筑高度： 24 m

建筑层数： 地上 5 层、地下 1 层

团队成员： 李瑶、吴正、项辰、吴增亮、李敏承、刘旸

设计阶段： 方案设计

设计时间： 2019—2021 年

项目取意"云上村落"，灵感来自安吉本地云雾中的村落场景，建筑在自然环境中若隐若现，达成自然与建筑的和谐共鸣。通过架空建筑的表现形式构筑现代美丽乡村。

进与退的平衡：生态保护与经济发展。内与外的平衡：外部社会力量与村民自治。新与旧的平衡：建设新旧融合与便捷自然的新乡土空间。

通过提取安吉余村乡村肌理，将村落从水平的延展性转化为立体村落，打造出与众不同的云上之村。

建筑表皮采用多种材料来表达云的概念：穿孔板材料，既能在白天避免阳光直射，又能使得建筑在夜晚散发出光芒，再加上穿孔的虚实变化，完美地表达了云上村落中"云"的沉浸式禅意空间。干挂白色瓦材料，将传统乡土建筑材料抽象化应用，在增加建筑光影效果的同时，将传统元素和现代建筑理念相结合，表达出云上村落中"云"的本土性。

曲面玻璃，增加建筑通透感，打破呆板的平板化立面，活跃建筑立面，主次分明，让建筑更为立体，体现出云上村落中"云"的空间感。

中庭透视效果图

北侧入口视角效果图

西侧入口视角效果图

14/ 四川省西昌市
HOTEL

西昌中迪假日酒店
ZHONGDI HOLIDAY HOTEL, XICHANG

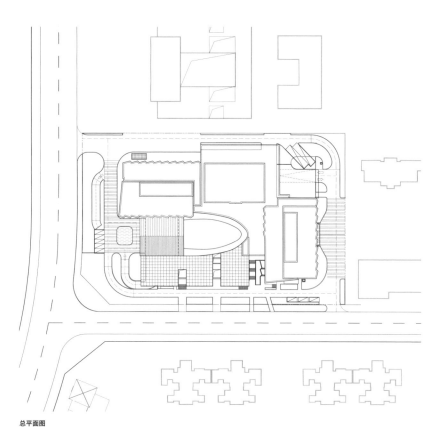
总平面图

项目地点：四川西昌
项目类型：酒店
建筑面积：83 377 m²
建筑高度：酒店 65.1 m、服务型公寓 68.4 m、裙房 21.0 m
建筑层数：地上 15 层、地下 2 层
团队成员：李瑶、吴正、孙涛、项辰、张天祺
合作单位：华东都市建筑设计研究总院（施工图设计）
设计阶段：方案设计
设计时间：2015—2016 年

作为西昌标志性建筑物，假日酒店通过简约的造型手法表达了地域和创新的交汇。整栋建筑由两栋塔楼（假日酒店、服务型公寓）组成，并通过一个三层高的裙房和四层商业围合成一个整体。每栋塔楼均设有一个核心筒。在裙房的西侧居中位置布置酒店的主入口。

设计力图将该建筑建设成为强而有力且优雅的核心区标志性建筑。结合平面轴网模数，塔楼的每个单元套型均有锯齿状的外挑空间，增强了建筑的节奏感和韵律感，同时将尽可能多地增加楼面的自然采光，并提供了面向西侧景观公园的视觉空间。

裙房中部围合成一个特质化的椭圆形景观庭院，自然地区分出南侧独立商业和北侧的宴会空间。酒店入口大堂提炼彝族特色的穿斗元素表达对当地文化的尊重和传承。

以"月出邛海夜，空明彻九霄"作为整体设计主题，通过双塔顶部结合建筑和 LED 灯光技术刻画出两道月牙，与月色交相辉映，进一步打造西昌邛海赏月的独特景观地标。

东南角鸟瞰效果图

东南角透视效果图

南立面图

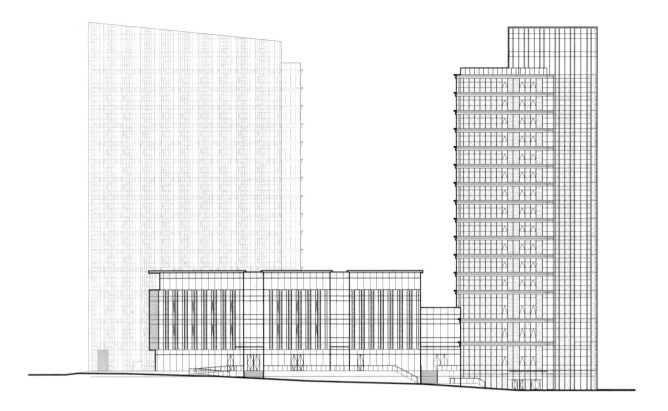

一层平面图

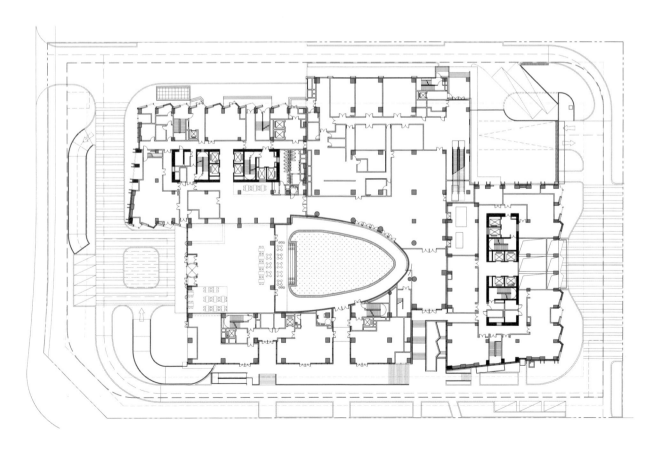

高黎贡山旅游精品走廊综合服务中心
GAOLIGONG MOUNTAINS TOURIST CENTER

总平面图

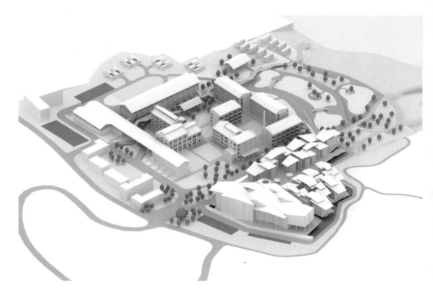

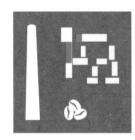

项目地点：**云南保山**

项目类型：**文化旅游设施**

建筑面积：**89 185 m²**

建筑高度：**24 m**

建筑层数：**8 层**

团队成员：**李瑶、吴正、项辰、朱佳莉、沈逸飞、张天祺**

设计阶段：**方案设计**

设计时间：**2016 年**

工业遗存价值度分析

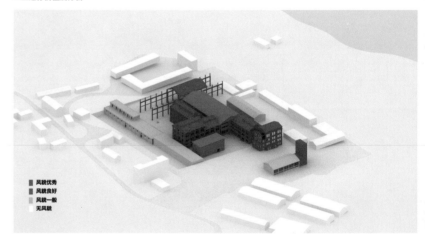

■ 风貌优秀
■ 风貌良好
□ 风貌一般
■ 无风貌

建筑风貌价值度分析

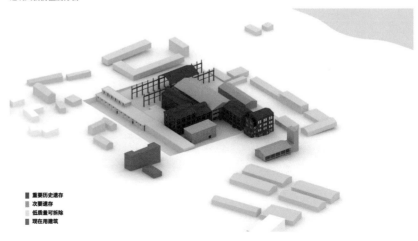

■ 重要历史遗存
■ 次要遗存
□ 低质量可拆除
■ 现在用建筑

　　东风糖厂地处保山市潞江镇，北侧生产区邻近怒江，南侧生活区连接 192 县道，两区域之间有农田相隔。糖厂生产区西侧为村落，南侧为交管所；东南侧为热带经济作物研究所，提供丰富的景观与活动；生活区被农田围绕，且地势较高，可俯瞰整个片区，有丰富的田园景观资源。设计理念以东风糖厂工业遗存保留为基础，引入世界知名度假酒店品牌，集合周边特色景观，打造独树一帜的工业风格旅游度假区。

　　设计保留最有价值的厂房和工业构筑物，原仓库改造为酒店大堂，结合场地高差塑造独特的进入方式，驻足廊下入口空间尽览酒店全貌。设置通往河岸的景观步廊，逐级而下，将波澜怒江与巍峨贡山尽收眼底。运用工业风格建筑语汇，金属屋面、桁架、玻璃、木栅格共同塑造大堂与景观餐厅。将锅炉房改造为特色餐厅，拆除了 20 世纪 80 年代加建的屋顶，复原屋顶形式，提取现有漏砖墙肌理，以花孔墙砌筑方法填充立面混凝土框架，满足多功能厅采光通风需求。制炼间改造为酒店客房，保留并修整矩形混凝土框架结构，以矩形框架为单元，分类归纳原有窗洞，统一整理塑造，运用富有工业特色的现代建筑语汇，配合玻璃与传统砖石材料，形成新的立面形式。

　　商业区——"飞鸟集"则摒弃常规商业现代风格，融合当地民俗元素——彝族民居，区别于都市型的现代建筑，形成典型的当地特色。以传统彝族民居屋面结合高黎贡山山形和怒江江涛波纹，形成重岩叠嶂的建筑群体。

西南角透视效果图

住宅区鸟瞰效果图

万物·炮制博物馆
EVERYTHING PROCESSING MUSEUM

东南角晴天雪景效果图

南侧黄昏景效果图

项目地点: **青海西宁**

项目类型: **博物馆**

建筑面积: **8 430 m²**

建筑高度: **22.5m**

建筑层数: **4 层**

团队成员: **李瑶、吴正、刘旸、宋杰、黄诗怡，等**

设计阶段: **方案竞赛**

设计时间: **2021 年**

厂区内景北侧效果图

　　项目地块位于西宁开发区核心地块，与西宁管委会大楼相邻，并与青海藏文化博物院一、二期相呼应，具有良好的产业、文化和旅游价值。项目周边地块界面已逐渐完整，作为中心块面的西向延伸，项目的建设将极好地修正整体规划。

　　大厅空间采用万物塔的设计概念。空间四周整个墙面由一个个小方格组成万物塔，方格内放置各种不同的植物和药草或器皿。让人体验到庄严与震撼的空间感。楼梯与万物塔采用互动式体验，让人在行进的过程中可以在各个角度观看整个大厅空间。在 2 层的佛堂采用双面佛的设计，使佛堂与大厅互通，让人在大厅也能看到佛堂。

　　底层的商业空间延续大厅万物塔的设计想法，在与大厅交互的墙面也采用小方格作为空间的主墙面。空间色调采用藏式的传统橙色与现代白色加木色的搭配，使空间更好地融入当地的文化特色。

入口夜景效果图

大厅效果图

佛堂效果图

深圳数字动漫影视基地总部项目
DIGITAL ANIMATION,FILM AND TELEVISION BASE HEADQUARTER, SHENZHENG

区域总平面图

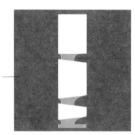

项目地点： 广东深圳

项目类型： 商业 / 办公

建筑面积： 45 000 m²

建筑高度： 150 m

建筑层数： 33 层

团队成员： 李瑶、吴正、项辰、刘旸、祖利谣、李敏承、张欢奇

设计阶段： 方案竞赛

设计时间： 2020 年

以企业文化为骨架构建基础，并在理念之上赋以 FANTATREE 的理念来丰富内容。科技作为支撑成为树的基础，搭载综合功能；旅游作为载体成为枝干，搭载出租办公；而文化作为企业核心成为树冠，搭载建筑最重要的企业办公功能。三大功能成为塔楼的上中下三段，并通过城市不同距离的视点成为不同的视觉焦点。

造型塑造更加强化了建筑与城市的关系。调整三段体块的开口角度以达成最适合与城市交流和对话的形式，首层架空后扩大了底部的城市空间。三大体块中间的连接段也被赋予丰富的半室外功能。最上部的连接段结构宛如托举的树冠，创造出独特的绿化平台空间，提供文化及创意的舞台；中部连接段的空中剧场面向滨海一线景观，独特的互动体验激发项目的活力；最下部为首层架空空间，利用场地现场高差，沿街布置商业功能，将入口大厅抬升至二层，通过城市舞台与广场连接。

方案将着重体现开发企业前沿的科技创新能力，顶部体块的幕墙面将作为巨大的城市屏幕，塑造深圳湾的瞩目焦点。

建筑形体分析图

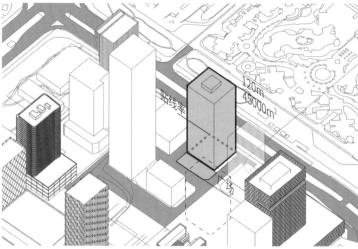

场地东侧为市民活动广场，南侧与西侧有贴线率要求，结合规划要求形成基本建筑体量。

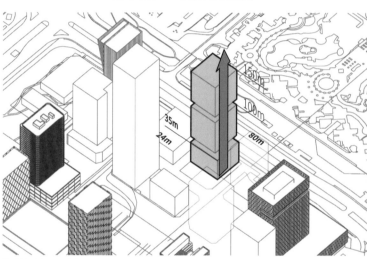

结合视线分析和设计理念将形体进行组合，充分响应 150m 规划高度，加强建筑标志性。

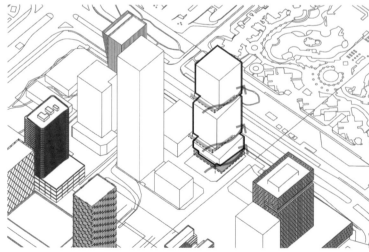

调整开口的角度，形成视觉焦点；首层架空扩大底部的城市空间。在各个高度导入城市舞台、空中剧场及绿化平台，在最顶部的面向深圳湾方向打造数字展示面。

层次丰富的退台表演与景观空间

全景效果图

益方生物总部基地建设项目

DESIGN PROPOSAL FOR INVENTISBIO HEADQUARTER IN ZHANGJIANG, SHANGHAI

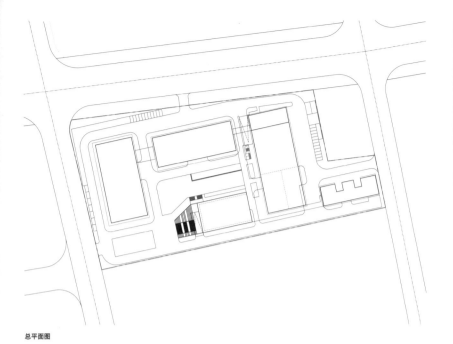

总平面图

整体鸟瞰效果图

项目地点： 上海浦东

项目类型： 总部园区

建筑面积： 65 220 m²

建筑高度： 总部办公楼 37.3 m、研发楼 37.3 m、

生活中心 13.8 m、生产车间及出租研发楼 35.8 m

团队成员： 李瑶、吴正、项辰，等

设计阶段： 方案竞赛

设计时间： 2021 年

东侧次入口透视效果图

围绕基地布置形成内向的园区组团，充分考虑了景观性和楼栋之间的视线影响，同时围合出核心绿化庭院，提升了园区的品质，打造花园式生态总部。

整个总部基地以核心庭院为中心，功能区逐次推进，通过空间组织与环境设计，满足了研发总部的功能和形象要求，为周边城市风貌塑造了全新的形象。建筑平面结合框架结构，形成流动灵活的平面布局，平面中大部分采用规整的 30 米进深布置，采光性能良好。平面方正，保留了最大灵活性；立面采用了标准化、单元式、节奏化的设计方式，建筑整体性强，立面虚实相映、轻松明快，摆脱了传统单调乏味的工业建筑形式。在标准化的前提下，进行多元化的组合，通过不同大小的立面单元，使研发楼之间、面对景观、面对城市空间均有不同的丰富立面表现。

立面单元将采光、遮阳、通风集成为一种单元，形成有节奏的立面形式，同时有较高的立面可控性和工业设计感。

内庭院透视效果图

07

DESIGN
CRITERIA

设计准则

07-1

大小建筑的技术之路

设计总监

吴正

源于大院

在创立大小建筑之前，我和主持建筑师李瑶已分别在华东建筑设计研究院工作了 11 年和 20 年。华东院作为建筑设计业界公认的"黄埔军校"，其技术底蕴和大集成的工作模式都是我们亲身经历并引以为豪的地方。经过这么多年在华东院大型项目上的历练，"大局观突出""技术能力扎实""系统性解决设计问题能力强"这些华东院的传统基因已经融入我们的设计血液之中。

拓于海外

由于工作的关系，我们在中央电视台新台址项目中和 OMA 事务所合作、在衡山路十二号项目中和马里奥·博塔先生合作、在东方汇经中心项目中和 KPF 合作、在外滩 8-1 地块项目中和 FOSTER 事务所合作，特别是李瑶先生作为交流建筑师在日本三菱地所设计的工作经历，以及我们因央视项目在 OMA 荷兰办公地的合作设计历程都给我们的设计思路带来极大的触动。对于我们这一代的建筑师来说是非常幸运的，设计眼界的开阔让我们充分了解到设计是多元的，还可以这样做。这也为将来我们开设事务所提供了一些思路。

创业之路

大小建筑创立初期的工作模式基本上是延续了华东院的工作模式，包括工作平台的搭建、工作方式的打造、技术风格的对应以及项目类型的选择，同时我们还借鉴国外事务所对项目在设计逻辑思维上的分析和表达。

"逻辑的可达性高、思维的有效性强"是我们给业主方的第一印象

"会讲故事"也是众多业主给予我们的评价。我们认为，任何一个建筑都是具有"生

命力"的，它是在不同业主需求、不同地域特色、不同时代背景下所孕育出的具有各自特征的产物。我们众多的设计作品不只是拘泥于设计初期的设计任务书，我们会从多方位去思考、去阐述、去论证其有效性，经过多轮与业主方的头脑风暴，得出最终有效的设计要求和目标。这种模式也是国外事务所常用的方式，强调设计的互动和从根本上解决业主方的诉求。

"多方协作、互助共赢"是我们项目基本的运作方式

　　大小建筑是一家拥有建筑和室内设计师团队的建筑事务所，我们试图通过项目全方位的把控（这也是基于以往大型项目经验我们比较擅长的方面）给业主提供比较全面深入的设计服务，这个有些类似于国外的项目建筑师模式或者目前国内正在大力推行的建筑师负责制的工作方式。在这些项目中，大小建筑作为项目建筑师负责项目的总体效果和协调各单项设计团队，包括施工图设计团队、结构团队、机电团队、幕墙顾问团队、泛光设计团队、景观设计团队、电梯顾问设计团队、标识设计团队、智能化设计团队、BIM 团队等。这些团队及顾问有些是业主直接聘请的，有些是我们聘请的，基本上项目设计团队的骨骼架构都以此为基准，从而确保项目设计的全面性和适用性。随着业主要求的变化，设计服务还会往前衍生到前期策划、往后服务到运营维护等。因为有着这些社会化的专业服务，建筑师可以更加聚焦项目的关键点，为业主获得更加有效的答案，从而达到共赢的结果。

"技术为先、多元并举"是我们设计方面最主要的宗旨

　　如同"罗马不是一天建成"的一样，好的建筑设计必须建立在大量优秀设计案例的基础上，基于多年在华东院参与多个优秀项目的积累，在事务所开创初期，我们将以往项目进行提炼和归纳，例如：将一个单体建筑拆分成外表皮、交通芯筒、结构柱网、平面布局、后勤空间各个组成部分，然后进行分功能分组归纳，在遇到类似体量和功能的项目时可调用参考。另外，我们在设计中还非常重视运用新型软件技术对建筑进行辅助设计，例如：在海门謇公湖方案总体排布时，我们通过风环境分析软件来优化建筑物的排布，找出最为理想的建筑风环境；在南通智慧之眼的建筑外表皮设计时，我们利用 Rhino、Grassshopper 等软件进行参数化的设计，找到最优的单元板块设计等。

　　"采用多角度的方案思考、采用先进的技术论证手段、采用高效成熟的建筑体系"是作为"技术为先、多元并举"宗旨的具体体现。

　　另外，技术的表达需要有载体，而工作平台的搭建往往需要与之相匹配。我们采用了协同设计的工作平台，全部的项目信息都存储在公司内部的大容量服务器上，员工通过统一管理的账号登录，个人电脑只作为一个操作界面使用。协同设计平台的使用可以将任何一个规模的项目进行无限的拆解，既可保证单一人员工作的对应，也可以保证在短时期内大团队集体协作的使用。"高效有序、团结奋进"是大小建筑团队的特征。

　　从 2011 年创立事务所至今，我们一直保持着 20 人左右的建筑师团队，每年完成约30 个建筑方案的工作量，截至 2021 年年初，经统计已先后落成约 30 个建筑项目和室内项目。基于创立大小建筑之前各自在华东院的工作经历，事务所在选择项目方面主要聚焦在公共建筑这一类方面，例如：南通通商总会办公园区、通州富都酒店、北京大唐石景山银河财智中心办公楼、宜兴和桥中超商业水街、南通智慧之眼办公楼、上海大众交通总部、无锡河埒金融城、安吉两山创客小镇、汕头明园科创中心等。

07-2

立面通风器

在建筑立面设计中，自然通风措施的设计一直是建筑师考虑的要点。自然开窗的形式可以极大地保证室内的空间品质，但窗扇的尺度设计、开启方式都会影响到建筑外立面形象，原先整体的建筑立面可能瞬间变得难以控制；同时在一些极端天气条件下，如大风、大雨等不良天气时，开窗通风设计会对室内环境造成影响。大小建筑在初创期间，就积极思考通风器结合幕墙的设计方式，采取隐蔽式的开窗方式，让建筑物在使用阶段依然保持设计时的立面效果，同时保证极端天气条件下的使用需求。

在北京石景山银河财智中心项目中设计了两种类型的通风器：一种通过外侧的石材装饰线条将背面的开启扇隐蔽起来，通过侧面的铝板开孔位置进行通风，另一种采用铝板凹槽通过两侧隐藏在穿孔铝板后的开启扇进行通风。这样保证了立面整体性和使用灵活性，这一立面通风器而后在无锡运河湾项目、南通星湖城市广场项目中也纷纷得到良好使用。

财智中心东侧广场仰视图

装饰柱正面采用砂岩石材，内侧采用穿孔铝板，并设有通风开启扇

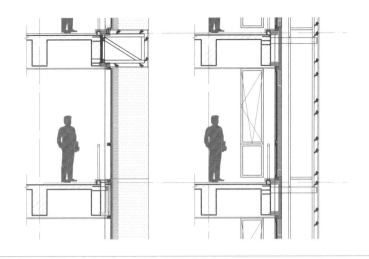

无锡运河湾·现代产业发展中心立面通风器细部

装饰柱正面采用砂岩色陶板，两侧采用铝板并设有通风孔

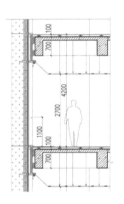

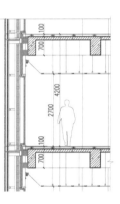

单位：mm

北京石景山银河财智中心石材侧边通风窗

铝板凹槽采用 3 mm 铝板及型材，两侧设有通风孔及开启扇

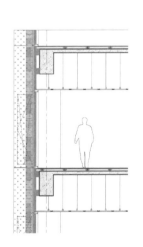

幕墙窗关闭时

幕墙窗开启时

北京石景山银河财智中心通风器细部

07-3

空间渗透

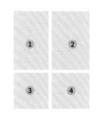

① 银河财智中心组合西剖面图
② 智慧之眼中庭空间 1
③ 能达大厦中庭空间
④ 智慧之眼中庭空间 2

空间渗透的多方位呈现——中庭
中庭 / 共享空间 / 光与影 / 景观 / 价值 / 生机与活力 / 趣味性

中庭空间应用于各种建筑形式当中，从此建筑不再是独立的房间，通过串联而变得立体。中庭是介于室外空间的内部实现，在这个空间内，自然光可以任意洒下，公共活动得以实现，人们在内部中庭中可以自由交谈，中庭往往成为建筑中最有生机活力和趣味性的区域。

在北京石景山银河财智中心项目的设计中，北塔楼核心筒布置在东西两侧，我们试图结合内部的组织架构，按照每三至四层作为一个组织框架布置空中庭院空间，保证企业总部内的各个部门单元都拥有独立的中庭空间供员工交流、协作。同时，中庭空间南北两侧交替贴临外玻璃幕墙，保证更有效的中庭采光及通风要求。

在南通能达大厦设计中，标准层空间内两侧转换同样导入跨多层的中庭，中庭在跨层间分别按南北交替处理。内部空间和气流组织得以有效贯穿，也保证了交通的可达性和空间的延展性。

在南通智慧之眼项目设计中，椭圆形塔楼采用双芯筒的布局方式，南北两侧各一个半圆形的核心筒，核心筒之间引入自然光中庭空间，以绿色办公的理念来提升整个办公场所的品质。东西两侧入口前厅的书卷形中庭空间层层收进对椭圆形体进行完美的切割雕琢的同时，也为每层办公提供休息景观平台。

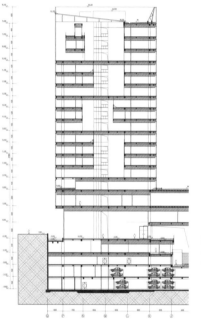

空间渗透的多元化表达——架空空间
架空空间 / 建筑与城市之间的对话、人与人之间的交流 / 灰空间 / 价值 / 活力 / 趣味性 / 景观渗透

在建筑空间的打造方面，建筑师一直在考虑如何处理好城市与建筑、建筑与建筑、建筑与人之间的关系。如何能使每个拥有独立特质的建筑在表达自身存在感的同时，不至于与城市割裂而形成一个个冷酷而封闭的个体。人与人之间要形成一种无形的情感纽带，建筑与城市、建筑与建筑之间也需要一种过渡、一种缓冲、一种灰空间。

底层架空是众多解决方案中的一种。"底层架空"传承"新建筑五要素"的基本元素，把建筑首层抬起，让地面空间保留下来，留给了交通、花园、活动。将建筑与城市之间的界限模糊化；提供了人与人自由交流的场所；同时，过渡的灰空间在一定程度上创造了城

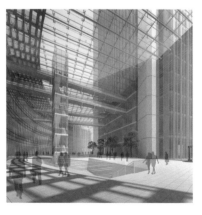

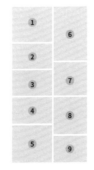

市活力，增加了趣味性、景观性。

在北京石景山银河财智中心项目的设计中，采用双塔两端布局方式，双塔之间以三层裙房相连接。遵从城市设计中 CRD 绿地休闲广场对城区的中心作用，采用裙房首层架空的方式，西侧视线与 CRD 中心保持贯通，创造出地块间相互渗透和连接的城市开放空间。通过合理的体量特征，形成了完整的城市界面，并与下沉商业广场形成良好的景观呼应。

在南通星湖城市广场设计中，在商业南侧主入口位置四层布置了悬挑空中环廊餐厅，底层架空区形成了良好的城市门户形象和宜人的广场空间；整个空中环廊仅靠三根冠状结构立柱进行支撑，为整个商业广场带来生机与活力。

在富盛广场项目设计中，总体构思上采用"四水归堂"围合式庭院空间结合立体平台的理念。一二层通过底层架空和景观台阶形成立体化的庭院空间，三四层架浮其上。在对各个功能进行交通引导的同时，提高空间的趣味性和商业价值。

在无锡运河湾项目设计中，总体构思采用"金融平台"的设计理念，将三座塔楼通过底层架空的金融平台做有效衔接，金融平台为塔楼创造良好的交流空间。

空间渗透的多方位呈现
组团化廊道连接 / 交通的可达性 / 人文关怀 / 空间的界定

在建筑空间构成上，如果使用空间是各个器官，那么交通空间即为各个器官得以正常运行的血管与血液。水平和垂直交通的有效排布是保证建筑有效运行的基础，而组团化廊道系统，则在此基础上还要注入更多的功能和使用者的期望。

在睿公湖科创中心项目设计中，总体布局强调围合感和组团感，建筑尺度更为亲人，以三至五层的建筑为主。项目的中心地块布局包含了室外网球场、环状跑道、花园等多功能的中心景观绿谷。通过组团化廊道的延展与连接，将项目与环境一气融合，充满了人文关怀；在保证交通可达性的同时，对园区内各个组团做了有机的空间界定。

在南通星湖城市广场设计中，作为开发区新兴的商业地块，依托紧邻商业 MALL 的优势，考虑以更具有灵活性的社区服务商业的面貌呈现。相对于封闭的商业 MALL 形式，以流线型的建筑外观来引入更多的人流和开放式的商业空间，通过开放的商业廊道形成多变的组合，保证各个商铺的可达性和商业空间的趣味性。

1 银河财智中心首层架空图
2 星湖城市广场悬挑空中环廊餐厅
3 富盛广场底层架空
4 无锡运河湾·现代产业发展中心金融平台
5 无锡运河湾·现代产业发展中心底层架空
6 睿公湖科创中心中心景观绿谷
7 睿公湖科创中心组团化廊道
8 星湖城市广场商业廊道
9 星湖城市广场开放式商业空间

07-4

立面模数化线条

建筑设计中会以基础建筑模数来控制建筑物的尺度和比例关系，最早以材为单位控制斗拱构件的尺寸，而后砖砌建筑以砖长宽高为模数控制墙厚与柱尺寸，预制屋面以屋面板的长宽公约数为模数控制房间的尺寸，以此来减少非标准化的构件，是建筑模数的基本概念。随着装配式建筑概念的强化，单元化设计概念越发重要，得益于技术手段的发展，模数已不局限于单一建筑构件，而是以单元的形式来应对整个建筑形体，如幕墙单元、楼层单元、结构单元等。

精确幕墙单元可以有效地控制建筑立面的整体效果，通常以层间单元与梁间单元为主。为对应轴网，幕墙端元宽度最常以轴网的均匀分隔后的单元尺寸为模数，例如：8 400 的轴网以 1 400 或 1 200 为模数，9 000 轴网以 1 500、1 285、1 125 为模数；高度模数上控制梁间单元高度一般为 900~1 200，层间单元一般为 3 000~3 300，由此来对应常规的楼层高度。

幕墙单元还受到现行规范的限制，例如：常规玻璃最大板块面积不宜超过 4 平方米，这就使得幕墙单元的比例限制在一定的范围内。在项目的实践过程中，也根据这些基本的模数形成基础单元，这些单元也构成了立面基本美学的基础，并在此之上附加可开启的单元划分，以玻璃和石材、铝材的比例，产生不同的创意附加。

下面以案例说明立面模数化在项目中的应用。

北京石景山银河财智中心

单元尺寸：800×3150、1000×3150、1300×3150　　高宽比：3.94、3.15、2.42　　单位：mm

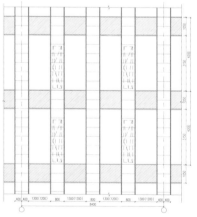

石材幕墙表现

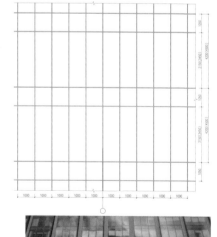

玻璃幕墙表现

西岸·众腾大厦

单元尺寸：1400×2800、580×2800　　　高宽比：2、4.83　　　单位：mm

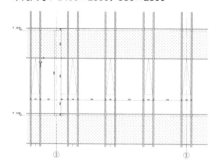

标准单元幕墙表现 1

无锡运河湾·现代产业发展中心

单元尺寸：1500×2950、600×2950　　　高宽比：1.97、4.92　　　单位：mm

标准单元幕墙表现 2

07-5

地域对应

在新建筑迅猛发展的过程中，人们往往开始注意与场地、环境以及既有建筑相呼应的关系。随着越来越多的城市更新项目的出现，人们更希望看到带有本土区域特色的建筑呈现。

在大小建筑的实践过程中，我们关注地域代表性建筑特征和材料的运用。

坡屋顶

屋顶被赋予了极高的造型方式，坡屋顶通常作为建筑的第五立面考虑。中国传统建筑中以坡屋顶为主，形式就有歇山、悬山、重檐、庑殿、攒尖，等等。传统坡顶更多为了形成防水和屋盖体系，也通过高耸的屋顶演化出各式的藻井或梁架。现代建筑日趋成熟，往往以水平屋顶代替了传统形式，而随着公众对传统的反思和回归，斜屋顶再次进入建筑师的视野。

在崇明富盛广场项目中，结合项目位于林木茂盛的鱼米之乡崇明岛的环境，具有良好的江南民屋特征。设计传统的顶之形，结合滔滔海浪的水之韵，形成连绵起伏的坡屋顶组合。总体布局上采用"四水归堂"的传统江南民居布局方式，形成两大功能分区：首层和二层的对外商业区作辅，而三、四层的配套服务区可以聚集围合中庭空间布局。建筑整体形象简洁又富有记忆点。

材料运用

以安吉两山创客小镇为例，项目位于竹乡安吉。因此在立面上运用竹钢取代了常规的金属格栅，唤起人们对地域文脉的印象。地域性材料的运用不仅有着外观上的特征，更具有经济性的意义。就地取材、因地制宜，将可持续发展的绿色理念与设计良好地对应。

睿公湖农展中心

崇明富盛广场

屋面提取折线元素　　延绵起伏的波浪　　建筑化表达

深灰色金属屋面　木色构架

木色天花

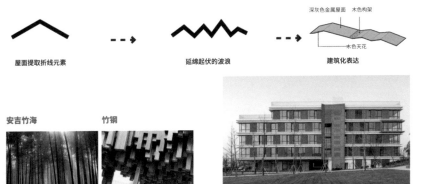

安吉竹海　　竹钢

安吉两山创客小镇

07-6

软膜天花

光是建筑的眼睛，对于光的追求，让建筑师从室外自然光线到室内氛围光线的塑造。除了常规的各种色温变化的照明和氛围灯光外，软膜天花的技术更好地对应了对于光的追求。基于聚氯乙烯材料的特性，柔和的光源和有弹力的材质表层，为空间塑造了很好的想象力。

在无锡运河湾·现代产业发展中心项目里，建筑表达了非常干练的视觉印象外，室内也希望达成表里如一的整体效果。结合简约而大气的大堂风格，白色石材的顶部和墙面材质，软膜天花作为整体照明工具。在基础光照的色温上我们采用了5000k，使大厅整体气氛与办公更加贴切。在灯光系统中也添加了调节功能，可以让空间在不同的节日与氛围中来回地切换，使得大堂"灵活多变"。

西岸·众腾大厦的首层公共通道吊顶，作为空间的方向指示，一道软膜天花被运用其中，无缝的拼接处理，视觉温润的效果，都为这一空间添加了神采。

无锡运河湾·现代产业发展中心软膜天花实景图

西岸·众腾大厦软膜天花效果图

08

DIVERSIFIED
PATTERN

多元的
设计方向

08-01

城市更新

与凤凰山呼应的小镇鸟瞰

安吉两山创客小镇

项目地点： 浙江湖州安吉

项目类型： 总部园区

占地面积： 17 062 m²

建筑面积： 60 596 m²

团队成员： 李瑶、吴正、王臣、唐旭文、孙涛、龚嘉炜、项辰、傅俐俊、崔星彦，等

合作单位： 上海中建建筑设计院有限公司（施工图设计）

上海高进幕墙有限公司（幕墙顾问）

上海迪弗建筑规划设计有限公司（景观顾问）

设计时间： 2015—2016 年

建成时间： 2015—2018 年

中庭视角

项目设计是以城市更新为起点，保留城市发展的痕迹并同步体现产业新生，倡导合理的空间加减思维。原有的职校建筑是以一种严谨的板式建筑展现；新的产业功能则是基于互联网特征，是一个产业创业平台，更多地承担了分享、交流、共同提升的职能。设计力求一种从功能到空间的转变，从刻板的学校教育功能转换为分享交流的办公创业园区。

拆除或改变原有的建筑短板，构筑全新的空间平面；而后导入节点化的新建筑，丰富或弥补原有的序列缺失。

原有的教学楼与实验楼存在大量南廊，无法满足私密性和采光要求。首先将南廊封闭，形成南侧功能布房；在北侧通过结构计算打通墙体，形成新的交通空间。对应单层平面过于冗长的特征，在中间部位导入了交通公共空间，以全新的交通流线打破单一的交通模式。同时在教学楼与实验楼之间插入了公共使用空间，提供了交流与分享的室内外物理空间。

校区食堂为框架结构，设计去除了原先乏味的窗扇及陈旧的外装饰，将首层的轻质墙体全部去除，更新为大面积的窗扇，将室外的景色引入到内部就餐环境中；二层增加了全新的健身房。餐厅原有造型是建筑形象顽固的彩瓦坡屋面，在开放了一层的视觉特征后，二层采用了木色铝质穿孔板覆盖了原先的主要立面，消解了原本形体的琐碎感，也重塑了立面的比例。在室内的拆留过程中，暴露出独具特征的轻型钢结构和木质垫板层，在激扬的健身空间中对话传统；地面同样保留了尚显完整的彩色水磨石地面。

宿舍楼原先均为南廊的构造，不利于南向采光及房间的私密性。在北侧导入了一个

原有结构之外的钢结构连廊，解决了交通和疏散问题。创客公寓间还增加了一层的公共服务空间，由连廊相联通，提供了日常的辅助功能，形成了公共门厅。

项目一期是建立在原有的学校结构骨架上的改建，具有一定的空间局限性。改建后提供的多为单元式的中型办公空间，缺乏大型的开放空间。在二期项目策划阶段做了多轮的调研，在使用要求上首先加以明确，以提供划分灵活的开放式办公空间为主，形成园区完整的办公产业链，同时继续贯彻共享开放的园区理念，体现公共性和交互性。

项目用地设置在凤凰山西麓的带形地块上，二期形成了两栋点状开放式办公平面，为了解决坡差、停车、塔楼沟通等诸多问题，通过一个开放的架空层形成共享平台。两栋办公单元之间形成二层室外广场，设置人行入口，构筑了立体交通体系。办公单元内部围绕一个中庭空间，阳光和庭院穿插其间。在二期立面设计上，依然围绕白色、棕色的园区主色调，安吉地方竹钢材质作为立面元素活跃了立面的白。

通过把握有度的加减理念，回应建筑的全生命周期，体现区域的文脉，同时提示安吉的产业记忆；基于前期的功能空间定位，创造更为合理的产业定位，展望安吉产业的未来；以尊重景观、尊重建筑、尊重城市的方式，让创客在坚实的城市文化基础上面对未来。

建筑组团鸟瞰

一期中轴鸟瞰

建筑形体分析图

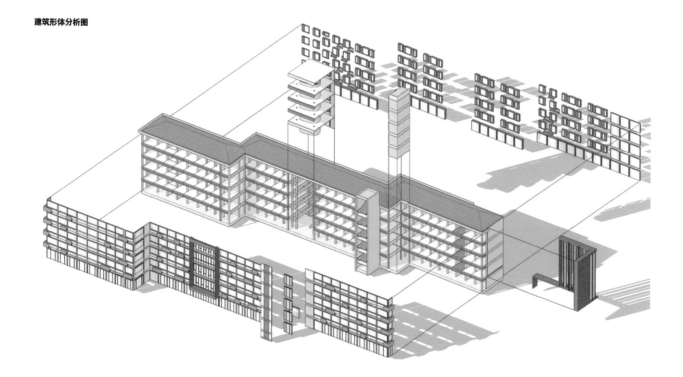

连接平台视角

东侧通路视角

中心绿地侧视角

西侧小楼视角

公共餐厅视角

建筑形体分析图 1

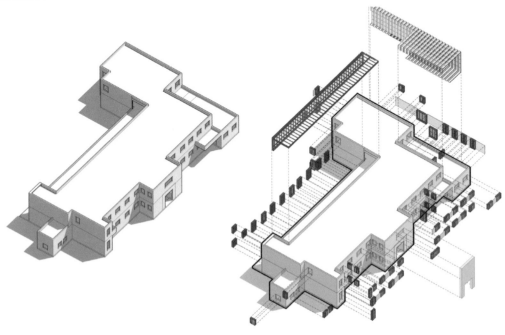

建筑形体分析图 2

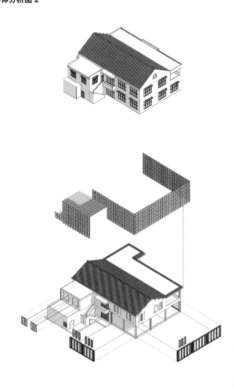

青年公寓视角

建筑形体分析图 3

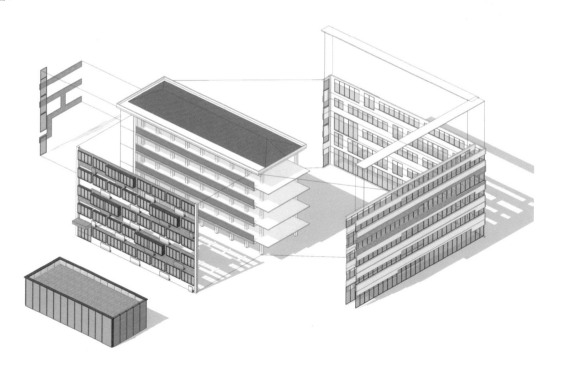

上海弘奥投资总部改建

设计挑战

项目总体规模较小，待改建厂房原为上海第三十七棉纺厂综合办公楼，设计时间约为 20 世纪 80 年代。在城市更新的课题催动下，针对这栋具有年代感的办公楼的建筑重塑，成为有趣的设计尝试。

在承接项目之初，业主对项目的改建束手无策：

1) 原有厂房的分隔格局相对封闭，以隔墙封闭成为单元式小空间；

2) 建筑资料不齐全、建筑年代久远。对于建筑结构口口相传的说法带有不确定性，整个建筑被定义为不可变动的砖混体系，对互联网产业的办公需求带来了极大的限定性。

设计通过判断，重新定义为框架结构，一下子打开了整个空间界面。

立面设计

原有的建筑立面充满年代风格，设计尽可能地在原本的开窗方式基础上加以改变，南立面以全新的穿孔板表皮的构筑手法，形成新的建筑围护。银色穿孔板的主基调配以湖绿色穿孔板形成的箭头意向为点缀，色彩带来的动态感觉形成独特的立面风格。北立面则维持低调的城市面孔，以窗扇节奏变化为主旨。

平面布局

首层为大厅及餐厅配套；二层提供了对外协作办公和值班宿舍区；三至四层为标准办公单元；五至六层为管理层办公空间。

常规办公楼采用以层为单位的平面排布方式，缺乏相互联系。在弘奥总部的平面改造中，我们试图改变这种排布方式。在结构可行的前提下，在电梯厅前设置一层至六层的贯穿中庭，通过绿化中庭的元素来串联各个区域，既体现了互联网时代相互融合的特征，又体现出绿色生态的工作环境。

项目地点： 上海浦东

项目类型： 总部办公

建筑面积： 2 175 m²

建筑层数： 地上 6 层

团队成员： 李瑶、吴正、龚嘉炜、唐旭文、项辰、崔星彦

合作单位： 上海中建建筑设计院有限公司（结构、机电设计）

南侧视角

一层平面图

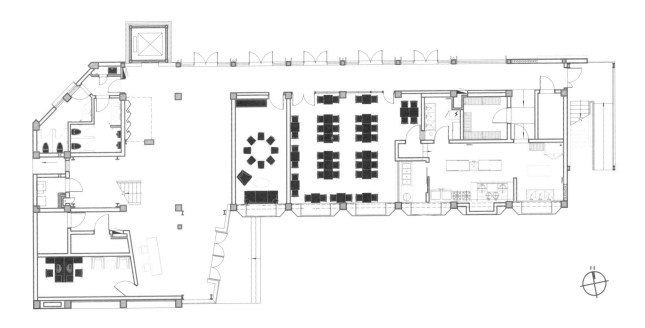

北侧街角

南侧入口

立面细部

办公室内

建筑材质分析图

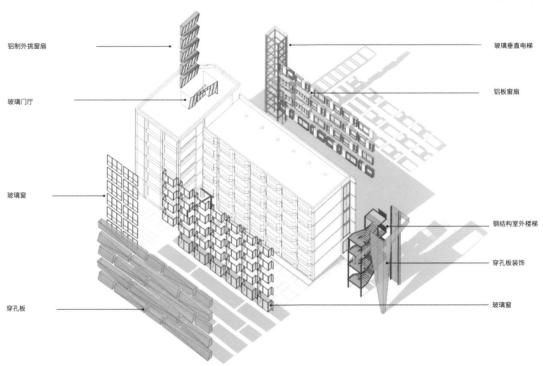

铝制外挑窗扇

玻璃门厅

玻璃窗

穿孔板

玻璃垂直电梯

铝板窗扇

钢结构室外楼梯

穿孔板装饰

玻璃窗

建筑环境 能达云·月

构筑物"云"的结构设计

彭礼（上海泰达建筑科技有限公司）

　　"能达云＋星湖月城市展厅项目"位于南通经济技术开发区能达市民广场，建筑团队希望借由景观式的建筑设计和空间功能的升级，塑造一处兼具美观、趣味及功能性的公共休闲活动中心。项目由两处彼此呼应的空间，开放式的"云"和闭合式的"月"组成。

　　由于项目区块地处能达园区的核心位置，布置实体建筑势必会遮挡园区的景观视线。建筑团队在进入项目之初就已确定下来此次项目的概念方向：在完善功能性的同时，让场地中的建筑景观和绿化景观能够相互借景，设计一个近乎透明的构筑物。

　　因此，建筑师对"云"的效果诉求很清晰：

　　1) 结构上要体现"云"的主题和意境；

　　2) 具有极致通透感，水平向构件视觉遮挡最小，务必使钢梁厚度最小，最好就是一片板，要的是"云淡风轻"，而不是很大的钢梁所呈现的"乌云密布"。

　　3) 各个视角结构有一定的变化，不至于太呆板。连接云片的竖向构件也希望采用钢板制作。当夕阳西下，晚霞透过云时，有一种云蒸霞蔚的感觉。

　　一片板做钢梁！看看建筑师的模型，最大柱间距达到了 6.7m，如钢板厚度 10mm，横梁钢梁高度合理的跨高比是多少？670！而人云梁的合理跨高比为 10～30！人云亦云间，结构难实现。

　　看完建筑师的初步模型（图1、图2是经过结构优化后的模型），与其说是一朵由"云片"（水平向构件）和"刀片"（连接云片的竖向构件）组成的云，不如说是一朵摆在结构工程师面前的"疑云"：

　　1) 云片（水平向构件）采用钢板制作，柱支点之间的梁跨高比远超常规钢梁尺度，云片竖向刚度是否能够保证？

　　2) 为了避免呆板的建筑效果，钢板立柱在云片上下层之间不连续交错布置。竖向力是否可以在不断转换中传递到基础？

　　3) "云"由立柱支撑，如何避免立柱与云片交界处的集中弯矩过大？

　　4) "云"结构的抗侧刚度从何而来？

　　5) "云"断面呈圆弧状布置，如何保证结构不外鼓、不向外倾倒？

　　6) 为了取得较好的建筑效果，竖片的宽度相对云片宽度有较大的退进，造成了竖片与云片之间的连接存在较大的偏心（图5）。此偏心是否能实现？如何通过计算反映此偏心的影响？

　　如此云云，"疑云"不少。我们对结构进行了概念性的分析，认为通过适当调整布置和优化，此结构存在可行性：

　　1) "云片"通过"刀片"连接成整体，虽然"刀片"厚度较小，但只要适当加大"刀片"的厚度，就可以使得"刀片"的抗弯刚度远大于"云片"的抗弯刚度，从而形成"空腹桁架"的效应，将大大加强云片的竖向抗弯刚度。

　　2) "云片"虽然是钢板梁，但由于其呈环向，板内存在较大的张力，"云片"将可以提供一部分应力刚度，以解决梁跨高比过大、抗弯刚度不足的问题。

　　3) 结构上可以将顶部云片连接成封闭的环状（图3），通过封闭顶部云片，使结构形

成完整的壳体，结构整体刚度得到了很大的加强，结构外鼓和倾倒的问题被结构的环梁张力所解决。

4）将立柱顶部设置成三个分支的树杈柱，将柱顶的集中弯矩离散成三个树杈的轴力，避免局部应力过大。

5）关于偏心的问题，通过通用有限元软件可以进行准确模拟，反映偏心的真实状态。

另外，"云"的侧向刚度如何？仔细分析结构体系的抗侧力特征可知：

1）以竖板作为立柱，水平板作为横梁，形成了多跨连续钢框架（立柱上下不对齐，但可通过水平板在每层传递水平力）。

2）由于结构呈球状，一个方向的侧向力通过水平板传递至与侧向力方向一致的竖向板上，从而通过竖向板面内足够大的抗剪能力传递水平荷载。

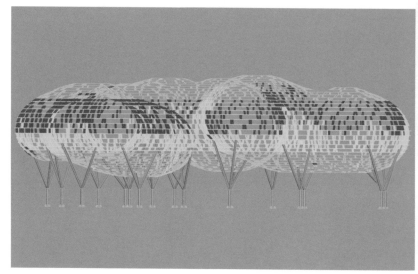

图 1 结构应力云图

3）最后传递至分叉柱顶，并由立柱传递至基础。综上所述，通过对结构的完善和优化布置，结构将具有一定的竖向刚度、整体稳定性和侧向刚度。结构概念没有问题，但结构是否真正可行，仍然是"云雾缭绕"，需要通过计算定量分析结构的承载能力和抗变形能力。然而决定对结构进行三维建模计算时，遇到了一个计算软件选择的现实问题：采用杆系有限元计算虽然计算速度上"行云流水"，但软件无法反映板件尤其是"刀片"的偏心和"刀片"与"云片"连接处的应力集中，采用通用有限元计算软件板壳单元分析才能获得准确的结果。但如果对整个结构进行通用有限元软件模拟（采用板单元），由于单元尺度不能太大，单元数量将非常的大，一般计算机是无法在可接受的时间内完成分析的。尤其是整个结构布置、调整的过程，将是通过计算结果不断优化的过程，并不是计算一次就一蹴而就的。因此，采用通用有限元软件对结构进行计算，没有算力，也是"浮云"。难道计算"云"需要上"云计算"？但目前还没有方便应用的结构"云计算平台"。

看来只能"曲线救国"，采用验证＋简化的思路来进行分析：

1）采用通用有限元分析软件 ABAQUS 进行局部模型的分析；

2）将计算结果与杆系有限元分析软件 3D3S 进行对比，得出计算的差别；

3）然后采用 3D3S 对整个结构进行分析，并综合考虑前述差别，完成结构的不断优化和设计；

4）最终对局部应力的考察，仍然采用 ABAQUS 对 3D3S 的局部模型进行计算。

此方法解决了通用有限元软件的效率问题和杆系有限元软件的准确性问题，使得计算优化和调整可以实现，结构的优化和调整主要体现在以下方面：

1）"树杈柱"的位置和数量：均匀分布的"树杈柱"，有利于使"云"结构竖向刚度均匀；

2）"云片"的连续性、环通性：越环通，整体刚度越大；

3）"云片"厚度：提高"云片"厚度可以提高"云片"的抗弯刚度，但也造成了结构自重的增加；

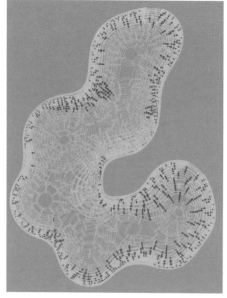

图 2 结构模型俯视图

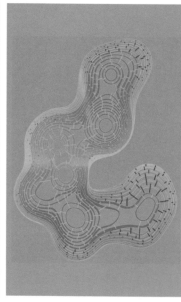

图 3 早期方案顶部多处未形成封闭圆环

4）"刀片"厚度："刀片"厚度在合理范围时，"云"结构可以获得较好的整体刚度；

5）"刀片"位置："刀片"位置实际上非常关键，合理的"刀片"位置将使得结构竖向刚度合理，但过多的"刀片"将影响视觉效果；

6）局部位置的结构优化：尤其是"云片"在内凹位置，由于"球壳效应"的减弱，结构局部刚度和"云片"刚度将可能非常不理想。

通过多次的试算和调整，结构的优化布置逐渐"拨云见日"。

图 4 建设中的照片

结构自重是结构的主要竖向荷载（包括裹冰荷载），云片越厚，自重越大。风荷载则是结构的主要水平荷载，尤其是竖向"刀片"众多，形成了较大的挡风面，"风起云涌"时，需要避免大风起兮"云"飞扬的状况。

图 6 表示了结构在自重作用下的竖向位移。由图 6 可见，虽然梁的最大跨高比达到了 670，但由于整体效应的存在，结构的最大竖向位移为 55 mm。由于竖向位移主要由恒载产生，可以通过施工时起拱部分消除。

图 7 表示了风荷载作用下的结构侧移，最大侧移为 47 mm。

另外，由于结构有一定的壳体特征，稳定承载力分析必不可少。采用几何非线性分析方法对结构进行了极限承载力分析，计算结果表明，结构荷载系数达到 4.4 时，结构失去稳定承载力，大于规范所述 4.2 的限值。

通过前述分析可知，杆系有限元显然无法真实地获得结构的局部应力。模型的位移指标基本合理后，我们反过来选取了 3D3S 计算中应力较大或者应力集中较为明显的部分构件，在通用有限元分析软件 ABAQUS 中，进行了较为细致的应力分布。在调整结构应力比的过程中，"刀片"的布置就显得非常关键，合理的"刀片"布置可以大幅降低峰值应力。最后将所有构件的峰值应力都控制在合理的范围内。

至此，结构的刚度、稳定性和强度均可以满足规范要求，所有力学方面的"疑云"均"烟消云散"。

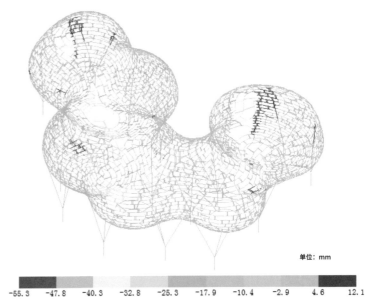

单位: mm

-55.3 -47.8 -40.3 -32.8 -25.3 -17.9 -10.4 -2.9 4.6 12.1

图 6 最大竖向位移

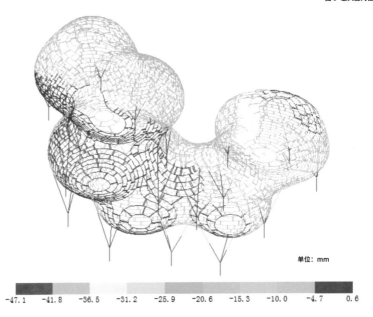

单位: mm

-47.1 -41.8 -36.5 -31.2 -25.9 -20.6 -15.3 -10.0 -4.7 0.6

图 7 风荷载作用下的侧移

S, Mises
SPOS, (fraction = 1.0)
(Avg: 75%)

+1.000e+02
+9.192e+01
+8.382e+01
+7.572e+01
+6.762e+01
+5.953e+01
+5.143e+01
+4.333e+01
+3.523e+01
+2.714e+01
+1.904e+01
+1.094e+01
+2.843e+00

Z
X

ODB: KFtruss-duanbugangjie.odb   Abaqus/Standard 6.13-1   Tue Dec 10 13:23:30 GMT+08:00 2019
Step: Step-1
Increment   1: Step Time =   1.000
Primary Var: S, Mises

图 5 "刀片"相对云片的偏心分析

温暖的建筑 · 盲童之家

双胞胎盲童家庭的生活改造
空间的光明

建筑面积：46 m²
设计团队：李瑶、吴正、傅俐俊、王晖，等
结构顾问：沈佳健（上海中建建筑设计院有限公司）
设计时间：2018 年
东方卫视《美好生活家》栏目作品

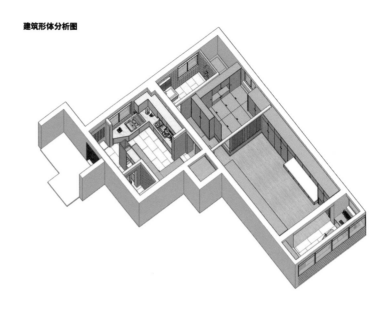

天保、天佑，一对双胞胎兄弟，由于早产治疗原因导致双目失明。四口之家的生活轨迹发生了改变，父母坚持以平常人的角度培养这对孪生兄弟，两兄弟在体育运动方面也展现了独特的天赋。

项目现状

四口之家居住在 20 世纪 70 年代老式公房的一间两居室，入户空间混杂，厕所排风直接开向入口，厕所开门直接面向厨房，料理和如厕空间洁污难分。兄弟俩挤在北间，没有独立的床铺和空间；南间除了父母的大床以外，堆满了衣物。空间的拥挤度和局促感，让人无法想象这是一对盲人兄弟的家。

老式公房普遍缺乏保温和防水的处理，西北山墙上产生了严重的发霉现象；卫生间和阳台渗漏严重；南侧邻剑川路，噪声严重。

建筑基因

改造中首先考虑改变建筑的物理状态，将糟糕的使用状态加以扭转。采用防水粉末涂料进行了整屋防水处理；在防水的基础上增加内保温，形成墙面完整的防水保温体系。窗户采用了超级隔热系统，三玻两腔 LOW-E 玻璃。保温和隔音系统达到了质的飞跃，噪声从原来的 100 分贝瞬间降低到 30 多分贝。

室内空间

设计重新规划使用者的生活空间，将卫生间和厨房形成空间上的分隔。在入户处设置了一个小小的侧向玄关，营造出暖暖的家庭气氛，也作为家庭荣誉的展示。

在入口右侧，结合原来的厕所位置隔出独立便器空间，并形成了独立洗漱空间。采用干湿分离的方式，居所北窗区域被腾出改建为洗浴空间。

厨房空间以纯白的组合橱柜替代了原有油腻的厨具，将用餐环境从北间解放出来，组合进入厨房区域。这个空间是由装饰柜和单人沙发座椅组成，柜子底的侧板可以转起形成一个长方台面。

南侧光线明亮，留作兄弟俩的使用空间；东侧作为父母的生活空间；北侧的空间划分成独立的淋浴和洗漱场所。

南侧空间方正，兄弟两人各占一边。考虑多项功能转换的灵活性，摒弃了固体分隔，选用了隔音窗帘，物理界分了两个空间。空间两侧对称布置了沙发组合橱柜，内嵌式可移动书桌创造了学习空间，在节庆时分可以将书桌合并成餐桌。条椅沙发翻折后提供兄弟各自的卧床，两侧组合柜体提供了大量的收纳空间。

东侧抬起的榻榻米区域兼顾储物空间，当完整打开时成为家庭围坐观看电视的空间；两侧屏风和折叠门关闭后，就围合起父母的卧室。

中间入口采用移门方式，将厨房的气味加以隔绝。右手边是一面完整的荣誉墙，陈列了兄弟俩参加过的大量体育比赛的奖牌。左手边结合卫生间排水处理形成缓坡，引导进入洗浴空间。

南侧阳台成为独立的区域，左侧是电脑和宠物空间；右侧设置了洗衣机，中间部位作为兄弟在家锻炼的场地所在。

细节

在保证空间的合理性基础上，注重了一些专属的细部处理：专用防护条、卫浴扶手、火灾及煤气泄漏等报警装置。

针对盲童的特点，引入了最新的人脸识别技术，对于双胞胎的特征同样能加以辨识，兄弟俩早早进入了刷脸时代。

在空间上体现最大程度的可适应性。平日由父母居住，开敞的榻榻米区域完全打开；周末时兄弟俩采用两个对称的帘式空间；父母卧室采用榻榻米和折叠门围合而成，关闭这个空间可以快速转化为一户小家庭的理想配置。

家的定义

通过一个小家的改造过程，体会了建筑的巨大可能性。属于上个时代的空间产物通过设计依然能焕发出空间的魅力，希望这种建筑的可能性为保佑兄弟带来更多的美好生活体验。

小小空间的光明，将汇聚成大大的城市未来。

荣誉墙

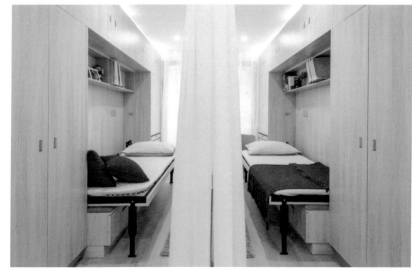

分隔空间

厨房餐厅

父母卧室

卫生间

入口空间

分隔空间

08-4

新型酒店设计·锦江酒店

设计团队： 李瑶、吴正、陈长志、陈思捷，等
设计时间： 2020 年

回·锦江创新旅宿

平面图

2020 年，锦江国际集团全球创新中心发起举办了创新旅宿空间设计大赛。"回"在舒适型新连锁酒店方向中荣获一等奖。

旅途是一段发现的过程，是一种期待的寻找；旅途中的酒店，是旅行中的居所；如何在 25 平方米的空间中，不再体验千篇一律的布局，不再受限于空间想象和活力的枯乏。

我们选择在舒适型客房的命题中，以现代、简洁为手法来打破空间的束缚。

一场突如其来的疫情，让我们重新审视我们的轨迹，寻求更为健康和安心的场所。

我们选择了以"回"为概念，以空间中的环绕，体现流动和多样化的魅力。

小小的空间建立在一个核心支点上，风车般地延展出各个区间。学习区对应了入口空间，形成从室外进入空间的过渡空间；洗手台对应了清洁空间；沙发延展出完整的休息空间，可变式的设置也为亲子同游提供了场所。

空间在独立和互通中转换，色彩同样在流淌，固体的建筑被灵活的空间所带动。

城市的场景也在空间中张扬，表现在空间的视觉中；智能控制系统同样掌控在手。

回·空间从中心流动，围绕智能、绿色、健康、环保的理念，创造多变的空间组合，构筑理想的旅宿所在。

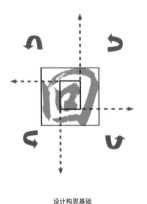

设计构思基础

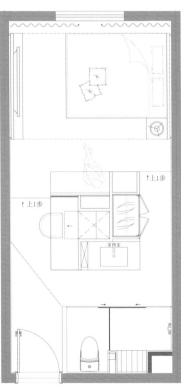

概念分析图

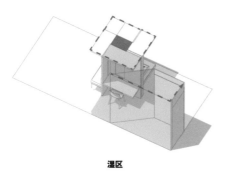

湿区

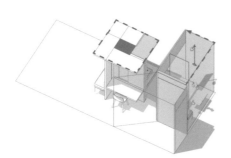

卫生区域

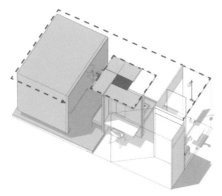

起居室

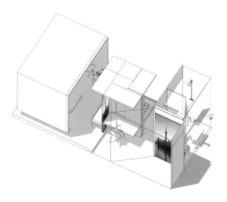

城市特色

开放洗漱区

开放办公

主卧空间

卫浴组合

08-5

工业化方向·城市之窗

局部透视效果图

城市之窗
周家渡社区 Z000201 单元
A14-01 地块租赁住房

设计团队：李瑶、吴正、高海瑾、刘旸，等
合作单位：上海大小建筑设计事务所有限公司
　　　　　上海阿格坦姆建筑科技有限公司
　　　　　上海中建建筑设计院有限公司
　　　　　天津安捷物联科技股份有限公司
　　　　　之木景观建筑规划设计室
　　　　　和能人居科技
　　　　　深圳市骏业建筑科技有限公司
　　　　　熙领商业管理有限公司
2020 年"地产住发杯"上海市装配式建筑方案设计竞赛入围奖

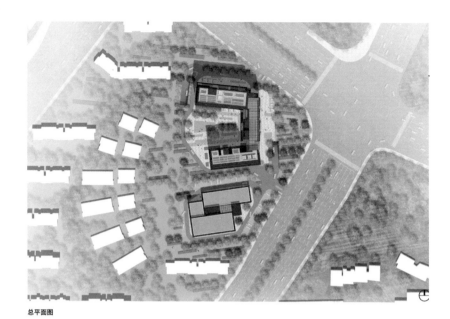

总平面图

"上海市装配式建筑方案设计竞赛"项目场地位于上海浦东南路与高科西路交叉口，云台路地铁站距离场地直线距离约150米，场地东侧为上海长途客运站东站，交通便利。地块邻近浦东世博园，有较好的景观资源。经过前期的不同布局分析，最终方案选择在满足日照条件的要求下，将配套商业放置于住宅裙房，并将塔楼和保安处总体呈由东向西放射状放置，与地块周边现有的城市肌理呼应。

通过底层架空和多处共享平台的设置，创造更多共享空间，促进人们交流活动，为整个社区带来活力。

在确定基本的布局块面之后，如何化解住宅塔楼庞大的建筑体量对场地和城市造成的负面影响成为了下一个亟待解决的问题。从人视尺度出发，裙房部分有较大的自由变化空间，可以通过局部架空、形体进退的手法，打破原有体量单一连续的节奏，给行人和使用者更为舒适亲和的空间与视觉体验；从城市尺度出发，高层住宅宽阔平直的天际线对周边的多层住宅造成一定的压迫感，因此通过层数递减的方式营造逐渐跌落的天际线，增加透气性。

在高层住宅块面上，首先打开U形平面的角部区域，用玻璃中庭和景观平台两种手法营造开敞明亮的公共空间，创造与城市的对话。

立面中导入简洁现代的方形窗格元素后，为打破沉闷宽阔的立面印象，抽取了部分住宅单元形成活泼的半开放式公共节点，令住宅界面的城市形象更为大胆、灵动。住户在拥有安静私密的个人空间之余，也拥有各自楼层丰富的社交和休闲空间，个性化的居住体验得到充分满足。

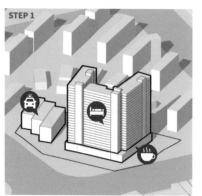

STEP 1

将住宅、配套商业和保安处三大功能体块进行放置。

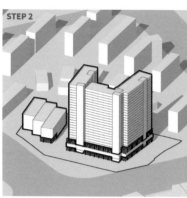

STEP 2

将一层和三层空间进行架空，破解较为封闭堵塞的空间。

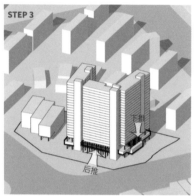

STEP 3

裙房体块继续调整。后推中部连廊加强入口架空感，商业体块局部错位增加灵动性。

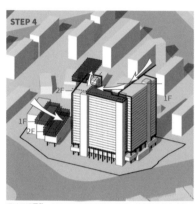

STEP 4

通过递减层数，制造两栋建筑屋顶的跌落感，并营造出更为丰富的天际线。

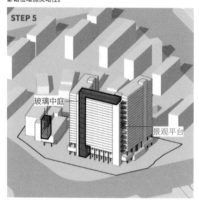

STEP 5

在建筑中插入玻璃中庭和角端的景观平台，削减沉重的体量，丰富空间形态。

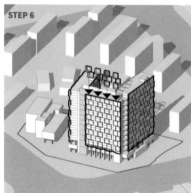

STEP 6

将红白相间的246个装饰单元有序地附着在外立面上，形成面向城市的246个窗口。

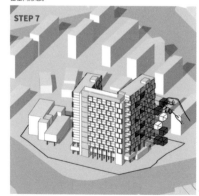

STEP 7

从整面住宅板块中抽取一些单元，使之成为开放的公共节点，令立面节奏更加活泼。

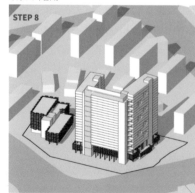

STEP 8

用与窗口节奏相似的错位遮阳板元素包裹裙房部分，营造商业和办公的简洁通透。

庭院效果图

建筑概念分析图

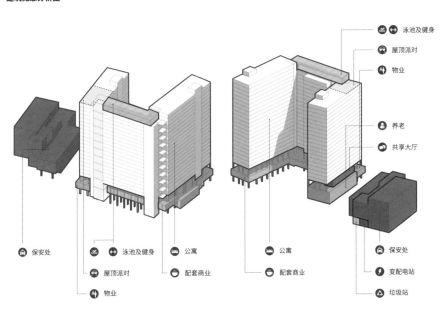

- 泳池及健身
- 屋顶派对
- 物业
- 养老
- 共享大厅

- 保安处
- 泳池及健身
- 公寓
- 屋顶派对
- 配套商业
- 物业

- 公寓
- 配套商业

- 保安处
- 变配电站
- 垃圾站

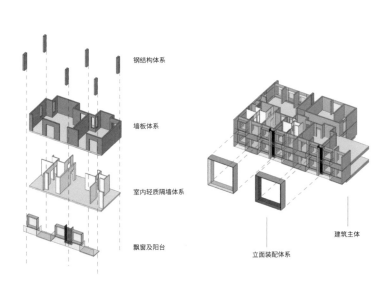

- 钢结构体系
- 墙板体系
- 室内轻质隔墙体系
- 飘窗及阳台
- 立面装配体系
- 建筑主体

08-6

方案流程图

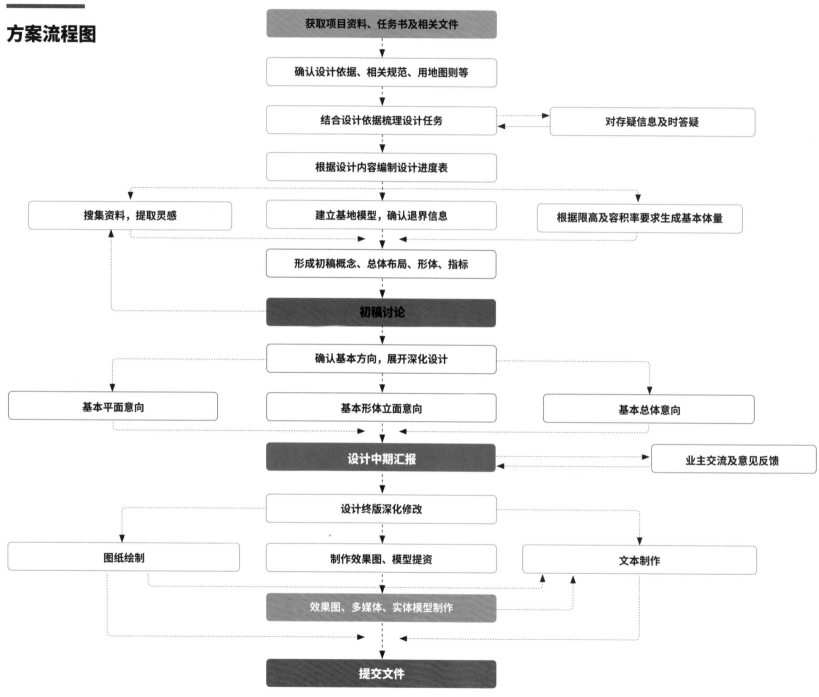

获取项目资料、任务书及相关文件

↓

确认设计依据、相关规范、用地图则等

↓

结合设计依据梳理设计任务 → 对存疑信息及时答疑

↓

根据设计内容编制设计进度表

搜集资料，提取灵感　　建立基地模型，确认退界信息　　根据限高及容积率要求生成基本体量

↓

形成初稿概念、总体布局、形体、指标

↓

初稿讨论

↓

确认基本方向，展开深化设计

基本平面意向　　基本形体立面意向　　基本总体意向

↓

设计中期汇报 → 业主交流及意见反馈

↓

设计终版深化修改

图纸绘制　　制作效果图、模型提资　　文本制作

↓

效果图、多媒体、实体模型制作

↓

提交文件

DIALOGUE
WITH MASTER
WANG XIAOAN

设计对谈

对谈对象：汪孝安大师

对谈对象

华建集团华东建筑设计研究总院总建筑师 全国工程勘察设计大师 汪孝安

李瑶（以下简称李）：汪总好，转眼大小建筑设计事务所成立已经要十年了。我和吴正（以下简称吴）在事业起步和成长过程中，都得到了您的教导和指引。在华东院度过的二十年成长过程，给予青年建筑师充分的实践机会，清晰记得在交通大学浩然高科技大厦、衡山度假村、法华镇路安泰管理学院等项目中您在关键节点上的指导。我们的成长是那个时代的幸运，也离不开华东院的企业文化基因。所以也想在这样的一个节点，再次听听您的指点。

汪孝安（以下简称汪）：首先对于大小建筑十年的成长和收获表示祝贺，这十年历程中看到了你们对于建筑专业的执着和追求。十年过程，我觉得不管是大型设计企业还是小型设计事务所，大家的经历都是相似的。从设计的角度，就项目而言，我们所面对的问题也会很类似，在华东院平台如此，在大小建筑的平台也会如此，大小建筑还可能要肩负更多的市场开拓、品牌建设等工作，从无到有，其中艰辛可想而知。你们稳固的合作创业关系也意味着对设计品质、目标追求的一致性。同时基于你们在华东院、包括在三菱地所设计打下的技术基础，我觉得你们是将对项目品质的持久追求，对业主的优质服务成为一以贯之的企业风格。我对院里的青年建筑师说，做建筑绝对不是单纯的设计过程，前期的项目定位研究，对设计任务的需求理解，设计师与业主的充分沟通，参与合同的谈判与履约，与主管部门、专家的沟通汇报，现场工地的施工配合，全程品质与造价控制，等等。这些都是一个成熟建筑师需要经历的锻炼过程，只有将项目当作自己的事情来做，才有可能使项目达到预期的效果。目前大小建筑的团队规模是多少？不同的规模对于成果控制的方式应该是不同的。

李：我们从初创开始，对于团队的设定就希望是一个小团队、25人左右的规模，也是对于市场能力和投入精力的自我认识点。

吴：这个十年中核心成员相对稳定，而建筑团队成员的流动还是比较大的。

汪：团队20~25人的架构是比较合理的，我觉得也是不错的团队规模。记得安藤忠雄曾经说过25人是他个人管控范围的极限了。实际上尽管你的体制变了，但依然是在用初心做设计，所以在人数上还是以可控为前提，而不是简单地扩充团队。

这十年，想必你们团队的人员也经历了多多少少的流动。人员流动随着市场和环境变化，大院小院都会受到影响。这些人员流动到其他相关的工作岗位，曾经的工作积累依然是重要的经历，也是对行业发展的贡献，从华东院离职并在其他不同岗位做出成绩的老华东，仍以曾经的华东院员工为傲就是明证。

李：汪总，确实如此。我们现在每年都要调整和吸纳新的团队成员，由于市场的价值体系已经将设计师的收入标定得很高，而上手以后还是新手，需要一定的带教过程，等一旦培养成熟，他们又会重新对自己定位，对团队的延续性确实会带来周期性的冲击。

李：未来的设计发展方向对于企业的定位和发展非常重要，您如何看待？

汪：当代建筑的发展方向，我个人觉得就是应当更加关注建筑与环境的关系，不管是与城市环境关系还是与山水自然环境的关系。建筑不必要太纠结于形态，而关键是以什么样的一种姿态在城市环境或者自然环境当中呈现，更多地关注人与自然的关系，以使用者的角度来考虑建筑的本质。

我现在很注意避免和业主单纯讨论美学的问题，一旦业主聚焦在表面形态之上与建筑师讨论时，那设计就显得比较被动，好的设计最终的形态呈现是各种因素综合以后所自然导出的，那样才比较站得住脚。

大小建筑将室内设计也纳入设计范围，有助于从环境出发，从人的空间感受出发，最后才推导出建筑形态呈现给业主。对于每个不同项目的地域、环境、功能需求等等，产生具有针对性和个性化的处理方案和对策。

吴：我们从技术性角度去推演建筑，同样避免去直接沟通建筑形式，用项目的技术分析代替美学的纠结。在前期研究中我们往往会加入了包括风环境、光环境等技术分析方式，通过逻辑推理产生结果。

汪：我们最近的几个实践案例还是比较符合这样的思维方式。在上海园林集团总部办公楼设计过程中，我们提出了"竖向庭院"的概念，一个可以进入的竖向庭院体系，我称之为"第三代"的垂直绿化系统，在世博会期间所大量呈现的垂直绿化是模块化的外墙垂直绿化系统，并不完全符合植物生长的规律，我将其称之为"第一代"。之前我们在申都大厦项目中提出了"身边的绿色"概念，是一个兼具室内外景观的设计，我们称之为"第二代"的垂直绿化系统。我们希望使用者能抬头见绿，并采用湿度检测自动滴灌这样便于维护的种植方式。这种从使用者感受出发的设计初衷，在虹桥商务区核心区"虹桥绿谷"项目中得到了较充分的体现。

此外，目前的项目均存在使用功能的不确定性，大概20世纪90年代开始，我就一直在思考如何用灵活的室内空间，来应对不确定的功能。在"虹桥绿谷"项目中，我们采用了双面采光的16米的大跨度结构来实现空间的灵活性。

李：确实空间的灵活性，对于项目而言是未来使用多样化的基础。我们在很多项目中的体会，除了大型地产商的标准化产品，很多开发业主在项目初期还是会缺乏整体定位，也会导致设计前期的不确定性。从大小建筑角度，我们首先感恩业主对于大小设计能力的信任，我们也尽量发挥设计以外的能力，陪伴业主确定项目的可能性。所以目前设计已经从常规的范围，延展到更多的内容，包括大量的前期研究和分析，也是对设计人员提出了更高的要求。

汪： 我们目前的设计教育方式，对于员工独立思考、独立工作的能力培养还有空间。有些年轻设计师往往还不太清楚"为什么要干""怎样把这个工作做得更好"。从而仅仅根据所分派的任务去工作，主动的设计思考还比较欠缺。这可能还和目前的教育方式有关，从小动手能力的培养还是很重要的。这个过程培养了独立思考、独立解决问题的工作方式。目前对新晋员工的培养，要不仅仅帮他们看成果的对错，更需要在介入项目之前就花时间讨论怎么样才能做得更好的各种可能性。

吴： 汪总，我们在成长过程中还会面临作为民营设计事务所的无奈，包括项目准入门槛等，您是如何看待独立建筑师体制的发展空间和局限性？

汪： 我觉得项目设计的准入门槛和招标方式是有需要理顺的地方，还是应当看设计机构和具体项目团队的业绩而不是单单看机构的规模，也包括对于中外建筑设计机构的不平等竞争问题。目前，大量民营设计事务所的涌现，包括一些国营背景设计院的改制，整体给我的感觉，民营事务所还是得到了很大的发展，当然民营事务所也存在着体量的差异。从大小建筑的发展角度，可以尝试和地方政府和机构建立比较密切的关系，可以加强联合，做一些惠及民生、区域发展等政府关心的事情，我们近些年也在三四线城市做一些城市更新和乡村振兴的工作，可以起到项目互相带动的作用。

李： 汪总，从建筑市场的发展趋势，都有了很多的方向调整。您感觉下个十年中建筑可能的发展和变化是什么？

汪： 在发展初期的20世纪八九十年代，大家认准一条道就能干了，画一张铅笔草图方案就可以通过。现在大的环境需要流程支持，同时建筑师要承担更大的责任，而施工过程对品质的追求还是与现有的招标体系不太匹配，设计收费标准与设计深度的提升之间也有较大的差距……这些都是需要去寻求改进的机制问题。

预测十年后的发展是蛮难的，只能说自己的希望，希望建筑师在项目品质的掌控中有更大的话语权，施工单位的专业素养能得到有效提高。建筑作为工业产品首先应达到一个基本的质量标准，中国建筑的整体品质才会得以进一步地提升，建筑才有可能更为充分地表达设计理念。

李： 确实目前施工精度、方式与初入行时改变太多，专业的交圈、提高度都弱化了。希望借助更多的技术手段，能够带领建筑作为产品达到一个新高度。另外，除了建筑和城市，乡村建设也成为了一个新话题。您是如何看待乡村和城市的关系？

汪： 一座富含文化底蕴的城市首先应当尊重其城市文脉。建筑有寿命，逐步地拆除更新无可厚非，但城市尺度、肌理和脉络应当尽可能加以保留，过分追求建筑尺度及体量上的高大上，则反而是缺乏文化自信的表现。或许是因为当前在建筑方案决策机制上的导向，导致一些建筑师、设计机构为了"生存"而迎合某些领导的个人审美或者一味顺从开发商的商业意志而放弃专业的立场，从而导致项目的设计品质不尽如人意，最终将建筑设计沦为了单纯的商业行为，值得引起高度关注。同时，目前较多地鼓励农民集中居住、归并、平移、上楼等并不十分适合农民的实际生活方式，且特别担心因此而引起的农村历史文脉和风貌的快速消失。大城市近郊潜在的绿色发展空间和原生态传统村落的地域文化特色、城市居民对于较高层次田园生活体验的内在需求、大城市对周边区域所具有的"溢出效应"等则还未被有效激发。应当将原来偶发的、低频次的低端郊区旅游模式转变为经常的、高频次的中高端农庄生活模式，吸引市民长期或经常性往返居住，成为城市生活的补充。农村需要有与时代同步的新的产业模式，将第一产业与第三产业高度结合，才能继续保持农村的持久活力。

李： 请您谈一下对大小建筑未来发展的期待……

汪： 大小建筑的发展非常稳健有序，从技术角度看，项目的实现度、完成度都是非常值得赞赏的，这也体现了大小建筑不懈的职业追求。希望未来在项目设计创新角度可以有更进一步的拓展。

我相信大小建筑将有着非常值得期待的未来。

10
MESSAGES

寄语

行业权威、业主、同行代表的点评

中国勘察设计协会民营企业分会副会长 / 上海市勘察设计行业协会副会长、民营企业分会会长 / 上海市建筑学会副理事长 / 上海现代服务业联合会副会长兼设计服务专委会主任——叶松青

作为民营设计事务所的代表，大小建筑十年的发展显得真实和努力，以小而精致、大至精彩的设计理念创作了一系列优秀的作品。民营设计事务所在寻求设计理想的同时，还要面对众多的市场、管理等事务工作，每个企业的成长都付出了坚持不懈的努力。

上海勘测设计协会民营分会希望搭建平台，给优秀的民营设计事务所提供支持。无论在行业评选过程中，还是在其他专业评选过程中，大小建筑应该积极投入其中，传达出更多民营建筑师的专业声音。

同济大学建筑和城市规划学院教授 /《时代建筑》杂志主编——支文军

"大小建筑"在近十年的设计实践中，完成了一系列具有设计品质和高完成度的作品。作品的专业跨度也很大，从商业、办公等典型的公建项目，到博物馆、文化建筑、景观建筑等不同功能项目的设计尝试，体现了设计团队多元化、多视角及开拓性的创作态度。

"大小建筑"在做好实体建筑设计的基础上，希望进一步重视对设计成果和经验的梳理、归纳和总结，以文本的形式凝练自身的价值观、理论体系和设计逻辑，通过论文写作、图书汇编、专题展览和会议宣讲等媒体形式，积极参与话语的讨论，塑造自身的品牌形象，充分发挥文本建筑在设计表达和传播过程中的独特作用。这本书的编写出版，就是一次有益的尝试。

大众交通（集团）股份有限公司董事长总裁 / 上海大众公用事业（集团）股份有限公司董事长——杨国平

矗立于徐汇滨江西岸传媒港的众腾大厦，是大众集团创业 33 年的新坐标，汇聚了大众交通、大众公用两家上市公司的集团总部，也将成就上海智慧交通运营的新高度。

大众集团在承接这一项目后，选择了大小建筑作为建筑设计单位，是基于大小建筑"结合创意与技术，高效地服务于社会，创作有温度的建筑"的企业理念，

与集团的愿景十分契合。我们希望在西岸独特的滨江岸线上，由更懂得"大众"的本土建筑师来塑造这一具有代表性和典范性的建筑。

建筑是凝固的音乐，用心感受，就能体会到它呈现的美妙境界。众腾大厦在徐汇滨江西岸九宫格布局中，以其独到的理念、错落的姿态、精致的幕墙，卓然呈现了优秀的建筑水准，与黄浦江的涛声和弦共鸣。大小建筑以项目建筑师角度，中肯地表达和贯彻了设计意图，并协调了整个专业设计团队的工作。

上海是一座拥有优秀建筑文化底蕴的都市，在经历了城市高速发展期后，将从增长量向品质化的建设方向发展。祝愿大小建筑继续以中国智慧结合国际视野，锻造城市建筑经典。

建筑无问大小，精品用心创造。

青海藏文化博物院院长 / 金诃藏药创始人——艾措千

和大小建筑的相识缘起于青海藏文化博物院二期的建设，作为青海藏文化博物馆的镇馆之宝——《中国藏族文化艺术彩绘大观》，需要一个既能符合现行消防规范又能满足专业展陈要求的场所。大小建筑的设计以围绕透明中庭的展陈方式，一方面很好地呼应了博物院一期的中轴线关系，另一方面为博物院二期项目串接了参观流线。设计上还从藏民族元素上做了现代提炼，建成后的青海藏文化博物院已经成为青藏高原独具特色的文化地标和旅游地标。

文化是城市发展的基础，通过文化提炼后的建筑则是城市发展的具体表现。在青海藏文化博物院二期的建筑设计中，从中庭的设置、斜墙的处理再到各式符号的提炼，都将藏民族、藏文化的各个方面表现得淋漓尽致。

和大小建筑的合作已接近十年，未来，希望大小建筑继续加大对文化的认知，创作出更多基于文化的优秀建筑作品。

三菱地所设计咨询（上海）有限公司总经理——高桥洋介

大小建筑と知己を得たのは今から 20 年以上前、李瑶が三菱地所設計に華東建築設計院との人事交流のため来日した時です。当時、丸の内設計室で一緒に机を並べていました時もありました。李瑶は丸の内の東京ビルのファサードデザインを担当している姿を見ていると、非常にデザインに長けており、手を動かすことが得意であったように記憶しています。建築は社会性、公共性の高いものですから合理的でなければならないですし、やはり作品と

して美しくなければならないと思います。今の大小建築の作品を見ていると、当時と変わらず、機能とデザインのバランスが非常に良いと感じます。

多くの人が生活を共にする都市においては、人、すなわち歩行者を中心に都市空間をとらえることが重要です。特に街路空間や公園、広場といった公共スペースと建築内部の空間が一体的に整備されることが重要であると思います。オフィスや住宅といったプライベートやセキュリティー性の高い建物であっても、そのフロント部分は公共性の高い空間であると考えます。魅力的な都市とは建物の輪郭がボーダレスであり、都市と建築を一体的な空間として捉えることが重要です。

都市や建物を人の生活を中心に捉え、魅力的な空間を提案しつづける大小建築の今後に期待していますし、協業できる機会があれば幸いです。

我与李瑶成为好友的契机在二十多年前，他通过三菱地所设计和华东建筑设计院的人员交流活动来到了日本。那时，我们一起在丸之内办公室内并肩工作，李瑶负责丸之内东京大厦的外立面设计，我记得他在设计方面非常娴熟，并且动手能力很强。我认为建筑需考虑其社会性和公共性，因此必须是合乎理性的，但作为一个作品，也必须具有美感。当我看到如今大小建筑的作品时，带给我的感受仍旧和当年一样，它们充分平衡了功能性和设计性。

在一个许多人共同生活的城市里，应该重点考虑人，即行人为中心的城市空间，尤其是街道、公园和广场等公共场所，如何令其与建筑的内部空间结合是非常重要的。即便那些高私密性和安全性的办公室或住宅，其入口大堂部分也应该是具备公共性的空间。一个有吸引力的城市是一个建筑轮廓没有边界的城市，城市和建筑能作为一个整体空间来看待。

我期待大小建筑今后通过关注人们在城市和建筑中的生活，持续不断地提案具有吸引力的空间，并希望未来仍能有机会共同合作。

DLR Group 董事、亚洲区负责人 / 中国勘察设计协会建筑分会常务理事、副秘书长——裘黎红

我与李瑶的熟识源于我与其兄长是育才中学的同班同学。当时他正为选择高考志愿为难，其兄发现了他对艺术的兴趣，便邀其时在大学建筑系求学的我，向他介绍了建筑学这门集艺术与工程于一体的古老学科，不想他从此便与建筑结下了不解之缘，上海建筑界也因此有了李瑶与其创立的大小建筑。

他大学毕业后即分配到华东建筑设计研究院工作，适逢国家改革开放，大量的工程实践使其积累了丰富的经验，他的勤奋使他从一众年轻人中脱颖而出，被派往日本三菱地所设计合作交流，并在短暂的两年工作期间，将其参与方案设计的两个东京项目作品定稿。其后应院里召唤，作为汪孝安总建筑师的执行助手，同 OMA 和库哈斯合作，辗转上海、北京和鹿特丹三地，完成了央视主楼的设计。其间也同步完成了一系列的代表项目，为他赢得了中国建筑学会第七届青年建筑师奖。

李瑶于 2011 年与志同道合的吴正一起创立了大小建筑事务所，开启了独立创业并探索建筑创作的道路。这十年来，在上海及长三角，甚至远至北京的建筑设计领域，都可以看到大小建筑的作品：北京银河财智中心、南通智慧之眼、安吉两山创客小镇、西宁青海藏文化博物院等，这些作品闪烁着他们建筑创作的一贯思想与精神的光芒：建筑无论大小，均应通过设计赋予其永恒的艺术生命，其事务所名字的寓意即此。除了建筑整体以外，还可以看到很多细部，在当下浮躁的建设大环境下，这需要何等的坚持和努力的付出才可以实现。

我同李瑶既是校友，也是同事、同行，在业务上既有交流也有项目合作。在与李瑶相识相知的三十余年中，他给我印象最深的、也是大家公认的，就是他诚恳的为人和超乎常人的勤奋工作态度，这在我与其合作的多个项目中得到充分的印证。他们的坚持与执着、勤勉的工作态度赢得了业界的认可，他作为上海建筑学会创作学术部委员，同样积极热心于推进行业的建筑创作工作。

大小建筑，像其他许多默默坚持建筑创作初心的事务所一样，在当下纷繁的建筑设计环境中，不管条件多么恶劣，它就在那儿。愿大小建筑在建筑创作百花齐放的田园中，继续绽放属于自己的、更加艳丽的花朵，为中国的建筑创作增添一抹亮丽的色彩。

合作伙伴的寄语

景观顾问——马进｜上海迪弗建筑规划设计有限公司

【聊聊您眼中大小建筑的十年成长】

这十年是大小建筑高速发展的十年，他们坚持小而美、高品质设计的发展之路，从单一建筑设计发展到建筑设计总包一体化。

【谈谈您理解的大小建筑设计】

大小建筑的设计注重品质、稳健和对业主高品质的服务。对于设计品质的把握，从设计方案、施工图和后续各专业协调施工配合，常言道"设计项目是三分设计、七分施工"。施工阶段每个环节都兢兢业业地关注和解决实际问题，推进项目进程。

【聊聊您和大小合作的作品】

和大小合作的项目有建成的也有未建成的，建成的星湖郡是一个混合型的住宅项目，我们负责景观设计，大小建筑从景观设计方案开始就提出自己的想法，给景观以明确方向。汇报时也协助业主和景观设计师实现快速交流和沟通，达到相互了解的效果。星湖郡景观设计在控制造价的情况下，呈现出来的品质超出预想。设计中并没有运用类似水景雕塑等手法，以绿色生态为主题，很好地营造了居住环境也烘托了主体建筑，成为当地一个具有广泛效应的楼盘。

【聊聊一件有意思的大小事】

每次被邀请参加大小建筑的年会特别有意思，每年内容都有变化但是和设计又有紧密联系，令人回味过去一年的历程，感慨设计行业的情况；也曾参加大小建筑组织的论坛，介绍设计行业发展的最新情况，大小建筑也为设计平台做了积极的努力。

【您如何看待建筑设计的趋势】

预测未来建筑设计发展趋势呈现两种方向：小型精品事务所和大型施工企业化。

目前整个设计行业项目已经开始趋向小型化方向发展，中国建筑设计如果在设计费能够保障的情况下，小型建筑事务所会越来越多，更加专注设计和提供更好的服务。随着设计软件越来越成熟和多样化，没有受过专业训练的普通人也可以自行设计，对于从业人员的要求也就越来越高，需要更加体现专业优势，设计更多跳出常规的精品。

随着预制构件的兴起，模块化设计越来越受重视，使得设计和施工企业联系越来越紧密。设计公司更向科技型、生产型企业方向发展，也会让设计公司

人员减少，很多人会转岗到开放式施工单位。

【如何看待建筑、室内以及建筑一体化方向】

建筑、室内以及建筑一体化是大趋势，今后发展方向就是集成化、模块化设计，以前柯布西耶提出"建筑是机器"的说法，今后建筑设计更像集成电路设计，只要有想法，通过各个集成模块进行组织，而模块本身就包含了建筑及室内的内容。

【你如何看待建筑变化和社会的关联】

建筑今后承担的社会功能会越来越显著。互联网加强了人与人之间的联系，但并不是将人拘禁在自己的个人空间里，而是促进人们走出封闭空间进行更多的交流，建筑特别是建筑中的公共空间提供了这样的载体。今后，建筑中公共空间的比重会越来越大，居住空间会越来越私密，人们的沟通交流会比以前更多地在建筑中的公共空间里进行，各个类型的建筑功能分布也会随着这样的变化而变化。

【谈谈您的这十年和十年后】

这十年我从建筑设计向景观设计进行转变，换个角度开始重新观察建筑设计，是一种有别于从事建筑设计时的轻松体验，有机会也做了一些小型建筑设计，更强调了一体化设计和对建筑使用的体验感。通过景观设计补贴建筑设计，建筑设计不为生存，设计可以更放松、更具活力。

下一个十年，希望这样的状态还可以继续保持，学习更多的东西，保持年轻的心态。

【您最希望建筑设计发生什么革命】

目前状态正好，颠覆性的革命会让建筑行业消亡，当然也会诞生新的行业，比如建筑程序员。

【对于大小的设计方向，您有何建议和展望】

大小建筑目前的设计方向体现了设计大院的稳健和品质，希望今后能有更多个人风格的设计。

结构顾问——彭礼｜上海泰达建筑科技有限公司

【聊聊您眼中大小建筑的十年成长】

与大小建筑合作是从 2017 年南通星湖广场项目开始的，之后一直以结构顾问与其保持密切的合作。从最近几年的情况来看，大小建筑对建筑的品质、创新的追求在不断加强。

【谈谈您理解的大小建筑设计】

大小建筑给我的感觉总是有想法的设计，而且非常注重细节。我们参与的几个设计并不是固定的风格，每一个设计都是有自己的角度，不墨守成规，而且艺术性与实用性俱佳。

【聊聊您和大小合作的作品】

最近合作的南通能达云·月作品，与之前合作的办公楼设计等作品完全不一样。尤其是云构架，已经脱离了单纯建筑的范畴，可以说是一件装置艺术。其建筑造型和结构设计，均给人以耳目一新的感觉。

【聊聊一件有意思的大小事】

李总对待不靠谱的事情，会说："上海人要有上海人的腔调"，以表达上海人做事情认真负责的态度，维护上海人靠谱的形象。

【您如何看待建筑设计的趋势】

经过了多年的快速发展和项目历练，国内的建筑师近年来取得了长足的进步。随着一批有想法的建筑师逐渐成长，中国将会出现一批国内建筑师原创的精品设计。建筑师也将越来越注重作品的态度表达，而不仅仅是建筑功能的实现。

【如何看待建筑、室内以及建筑一体化方向】

这种做法在扎哈的一些作品中体现得淋漓尽致，个人认为，这是精品设计的必然趋势，至少有一半的精品建筑，需要建筑与室内的一体化，也就是外在与内涵、功能与细节的和谐统一。

【您最希望建筑设计发生什么革命】

BIM 技术的真正普及。这需要 BIM 软件的完善，虽然这一段路还很长，各专业的协同，以及 VR、3D 打印等设备的普及。在所见即所得、各专业不做重复工作、一切皆数字化以后，建筑创作和结构创作将迎来效率的巨大提升，并以此为前提，建筑设计和结构设计水平也将大为提高，远优于现在的建筑将被创造出来。

【对于大小的设计方向，您有何建议和展望】

作为结构工程师，不敢妄谈。但个人的感觉，聚焦一两个方向，每年聚焦一两个精品项目，或许是中小型事务所一个好的发展思路。

合作团队——韩红云｜上海中建建筑设计院有限公司

【聊聊您眼中大小建筑的十年成长】

李瑶先生在不惑之年，才识、能力和体力最好的年龄，迈出勇敢的一步，创立"上海大小建筑设计事务所"。十年时间一路走来，设计完成了大量优秀的建筑、景观、室内、家具、器物等作品，以"大至精彩、小而精致"作为原创设计精神的公司愿景，在设计作品中得到了很好的实践。

【谈谈您理解的大小建筑设计】

大小建筑的设计作品以创意取胜，难得的是兼具了工程的合理性和实施性，充分尊重客户的需求和项目定位，最终提交的成果总是能达到各方因素的完美平衡。这是在其主持设计大型项目丰富的设计管理经验及对社会事务深刻洞察力的基础上才能做到的。

【聊聊您和大小合作的作品】

我们上海中建建筑设计院有限公司和大小建筑自创立之初即进行合作，至今已经建成大量作品。位于北京石景山 CBD 的银河财智中心是我们合作的第一个高层甲级办公综合楼项目。大小建筑贴合甲方需求，设计出造型靓丽、空间丰富的作品赢得了业主和管理部门的认可，双方团队在项目实施过程中持续跟进，及时做到现场服务，解决了大量变更及现场问题，项目最终获得了完美的呈现。通过这个项目的合作，双方团队成员的工作方法也得到了很好的磨合，为今后一系列项目的合作打下了良好基础。

【聊聊一件有意思的大小事】

十年间，设计之外最开心的大小事应是李小小的出生和健康成长了，聪明可爱的小姑娘恰如一个小天使，不仅带来了活力和希望，还带给大小建筑对儿童相关设计的关注和实践，相信她和大小建筑都会有美好的未来。

【您如何看待建筑设计的趋势】

相关行业研究表明，从宏观趋势看，1991—2015 年是高速城市化建设时期；2016—2040 年是中速区域性发展时期，关注城市发展的质量，如城市改造、城市双修，以"旧楼改造、存量提升"为核心的各式各样的"城市更新"。2040 年后城市化结束，进入自然更替阶段。

在此大的背景之下，建筑设计可能向两极分化：一极为大而全，综合能力强的大型全专业设计；一极为小而精，以创意为主导、专业细分的精品设计。

【如何看待建筑、室内以及建筑一体化方向】

随着社会经济水平和业主要求的提高，建筑、室内以及建筑一体化是必然的发展方向，可以节省成本、避免浪费、缩短工期，最终呈现风格统一的优质作品。

【你如何看待建筑变化和社会的关联】

建筑物存在的意义就在于它是为人提供服务的，人类社会进步的外在表现就是物质水平的提升。建筑物作为日常生活中最大体量的物质体，当然也是随着社会进步而发生日新月异的变化。我们目前作为发展中国家，总的经济体量位居世界前列，但是算到人均，还是有很大的进步空间。造型靓丽的城市中心、建筑综合体层出不穷，但是细究其合理性、舒适性、耐久性都还有很多不足。大小建筑的设计作品是在尽力使这些方面达到均衡完美，相信随着社会的进步，越来越多的业主会重视这些。

【谈谈您的这十年和十年后】

之前的十年，我的工作岗位从普通的技术管理转到以经营为重的团队管理，面临了很多的挑战和困难。这十年也是和大小建筑合作的十年，从大小建筑也学习到了很多：对待业主的理解和尊重、对独创的无限追求、对技术的严谨态度、大型项目的综合管理能力、对年轻设计师的传帮带……

大小建筑不断增长的业绩、不断前进的步伐，一直会相伴左右，激励我与其共同成长。

【您最希望建筑设计发生什么革命】

希望建筑设计发生数字化技术革命，把设计师从枯燥的基础绘图中解脱出来，有更多的精力关注设计本身。

【对于大小的设计方向，您有何建议和展望】

今后的设计行业需要围绕以客户价值为核心主题的持续发展，为客户寻求最高的价值回报，促进项目价值最大化。设计回归本源、创作体现价值的呼声越来越高。这些也是大小建筑一以贯之的原则。只要坚持走下去，随着公司实力的逐步提升，肯定会有更加光明的未来。

照明顾问——**杜志衡**｜**上海路盛德照明工程设计有限公司**

【聊聊您眼中大小建筑的十年成长】

万事起头难，从零开始的工作室，到成为稍有规模的公司是一件不容易的事。但难度更高的在于经营的维持。能维持十年的经营，项目数量的递增、项目性质的多元化发展、项目规模的变化，这些都是我们看到大小十年的成长。虽经历十年的成长，但在我们眼里看来没改变的是对设计的执着、对质量的要求，这应该是非常重要的一点。

【谈谈您理解的大小建筑设计】

大中有小、小中含大，简约、洁净，都是和大小建筑合作时所感受到的。大的建筑空间中有细节的表现，细节的表现上亦含有建筑上大的概念意境。这是我看到的大小建筑设计。

【聊聊您和大小合作的作品】

从特立尼达和多巴哥的剧院综合体、安吉的综合体建筑，到较近期的几个项目。比较有趣的可能是老外街的项目。其中灯光方面，要感谢大小的信任，让我们有发挥的空间。当然其中业主方的要求与对工装工程的理解亦是我们一齐去克服的过程当中最有趣的部分。事实证明大家要尊重和相信各专业，才能造出好的成果。老外街项目的灯光投入相对其他同类型的项目是很低的，但最新的灯光控制技术、舞台灯光设计技术的运用等，令项目还原设计的程度非常高。

【您如何看待建筑设计的趋势】

在我有限的眼界里，非技术性的设计都是一个循环。圆的变方，方的变对称线条，直线条变成曲线，曲线再变回圆形。又或十多年前被嫌弃的金色，最近几年又开始流行回来了。唯一好像建筑的设计没有看到循环，我认为建筑永远都是向前的、都是在进化的。就算是怀旧的建筑（撇除刻意复原古建的例子不算）好像也只是在外皮上，他的机能、他的器官都是在进化的。也不敢说建筑设计的趋势会是怎么样，但未来的建筑肯定是让人类身处其中时越来越舒适的。

【你如何看待建筑变化和社会的关联】

我认为建筑的本质本来就应该是以人为本的，是为服务人类的。所以建筑本身的变化和建筑本身都应该会随社会、或社区、或国家、或地域的变化（可能是气候、可能是当地人文的变化、审美能力的增减，甚至是政治的需求，又或集体喜好或习惯的改变等）而去服务的。而不会像第一代 iPhone 产生的性质那样——产品制造需求。很多时候当我们游走于不同的城市和国家中，都能了解当地文化与人文的大概，我觉得可以说建筑是某种程度上当地人民与性格的表象。

【谈谈您的这十年和十年后】

十年前后，变化不大，因为心境没变。当然于专业上的经验与信心是复式的增长，但设计上还能说是勉强保住了初心，我认为这是重要的。希望再过十年，还能讲回完全相同的这句话。

【您最希望建筑设计发生什么革命】

最希望将来有准则来避免业主方干扰或擅自改变建筑师的设计与概念。

【对于大小的设计方向，您有何建议和展望】

祝愿大小建筑有朝一日 99% 的项目都能完全按自己的设计概念来完成……

感谢在大小成长道路上得到的各方支持、理解和投入，也共同期待未来的十年合作。

图书在版编目（CIP）数据

大小建筑 10×10 / 李瑶主编 . -- 上海：同济大学

出版社 , 2021.11

（大小建筑系列 . 第 3 辑）

ISBN 978-7-5608-9953-4

Ⅰ . ①大… Ⅱ . ①李… Ⅲ . ①建筑设计－作品集－中

国－现代 Ⅳ . ① TU206

中国版本图书馆 CIP 数据核字 (2021) 第 208703 号

编辑团队：吴正 / 孙涛 / 高海瑾 / 项辰 / 龚沁怡

摄影：LLAP 建筑摄影 / 是然建筑摄影 / 庄哲 / 李瑶

图片声明：本书发表的所有图片均由编著方大小建筑（上海大小建筑设计事务所有限公司）提供，

大小建筑（上海大小建筑设计事务所有限公司）承诺对其拥有著作权和肖像使用权。

大小建筑系列·第 3 辑

大小建筑 10×10

李瑶　主编

责任编辑　张睿　　责任校对　徐逢乔　　版面设计　娄奕琳

出版发行：同济大学出版社（网址：www.tongjipress.com.cn）

地址：上海市四平路 1239 号（邮编：200092）

电话：021-65985622

经销：全国各地新华书店

印刷：上海安枫印务有限公司

开本：787mm×1092mm　1/12

印张：26.5

字数：668 000

版次：2021 年 11 月第 1 版　　2021 年 11 月第 1 次印刷

书号：ISBN 978-7-5608-9953-4

定价：298.00 元